光伏阵列及其最大功率点跟踪技术研究

张俊红 著 <<<

化学工业出版社

·北京·

内容提要

本书立足于绿色建筑和建筑节能的发展要求，围绕 BIPV，系统介绍了光伏阵列及其最大功率点跟踪技术，主要内容包括面向精细化功率输出的光伏模块七参数模型的建立、基于工作状态分析法的光伏阵列多区间分段函数建模方法、光伏模块单一照度下改进的扰动寻优 MPPT 算法以及光伏阵列多照度下改进的 Fibonacci 搜索 MPPT 算法。

本书解决了读者所关心的光伏发电中输出功率小、效率低以及振荡、误判等实际问题，为科研技术人员提供了研究方法，可作为高校及企事业电力、能源、太阳能发电、光伏电池等相关专业的教学或参考用书。

图书在版编目（CIP）数据

光伏阵列及其最大功率点跟踪技术研究/张俊红著.
—北京：化学工业出版社，2020.9
ISBN 978-7-122-37173-7

Ⅰ．①光…　Ⅱ．①张…　Ⅲ．①太阳能光伏发电-研究
Ⅳ．①TM615

中国版本图书馆 CIP 数据核字（2020）第 096286 号

责任编辑：李军亮　郝　越　　　　　　　　　装帧设计：刘丽华
责任校对：张雨彤

出版发行：化学工业出版社（北京市东城区青年湖南街 13 号　邮政编码 100011）
印　　装：涿州市般润文化传播有限公司
710mm×1000mm　1/16　印张 7½　字数 141 千字　2020 年 8 月北京第 1 版第 1 次印刷

购书咨询：010-64518888　　　　　　　售后服务：010-64518899
网　　址：http://www.cip.com.cn

凡购买本书，如有缺损质量问题，本社销售中心负责调换。

定　　价：58.00 元　　　　　　　　　　　　　　版权所有　违者必究

　　绿色节能建筑是未来城市建筑发展的方向。 据统计，建筑能耗已经占到能源消耗总量的 32.6%，因此迫切需要绿色能源和绿色建筑来补充和取代高耗能、高污染的能源供给和消耗方式。 太阳能光伏发电与现代建筑相结合可以产生"绿色电力"，实现绿色建筑和绿色节能。 国家大力支持建筑集成光伏系统的应用，倡导实施"用户侧并网"。 2016 年国务院下发了《光电建筑发展"十三五"规划纲要》与《"十三五"节能减排综合工作方案》，明确提出了光电建筑发展的目标任务以及光电建筑发展的保障措施，进一步明确了建筑节能指标，要求把节能减排作为推动绿色低碳发展和加快绿色建筑发展的重要抓手，为我国光伏产业在建筑领域的应用指明了目标和方向。 建筑集成光伏系统（Building Integrated Photovoltaic, BIPV）是分布式光伏发电的一个特殊且应用广阔的领域，发展 BIPV 对提高我国建筑节能水平、加快既有建筑的节能改造、实现新型城镇化目标具有重要意义。

　　BIPV 技术是在建筑的维护结构外表面安装太阳能光伏阵列来提供电力，即有效利用表面建筑材料（如瓦、玻璃窗和幕墙等）和已有的建筑资源（如屋顶和墙壁等）将光伏模块及其配套系统与建筑有机地集成在一起的光伏发电系统。 建筑与光伏阵列的结合不会占用额外的地面空间，可以节约城市用地，不影响建筑的正常功能，其生成的电能既可直接满足本建筑的用电需求，也可输送给市政电网。 BIPV 在发电运行过程中，无噪声、无污染、设备使用寿命长、维修成本低，实现了美学、节能、绿色环保等功能。 目前，BIPV 在许多国家已得到较广泛的应用，并起到了良好的节能效果。

　　本书立足于绿色建筑和建筑节能的发展需求，围绕着 BIPV，从理论研究的角度出发，对光伏模块数学模型、光伏阵列数学模型、输出特性以及最大功率点跟踪控制等技术展开深入研究，以期对研究光伏阵列及最大功率点跟踪技术的科研人员提供帮助。全书分为五章，具体内容组织安排如下：第 1 章概述了光伏阵列系统以及光伏电池模型、光伏阵列模型、单一照度下最大功率点跟踪算法、多照度下最大功率点跟踪算法的研究现状。 第 2 章建立了一种面向精细化功率输出的光伏模块七参数模型；针对精度较高但在使用中模型参数无法直接利用给定模块参数求解的问题，优化和设计了参数计算方法，建立了精细化的七参数模型；推导了光伏模块 V-I 特性方程，并进行了仿真和试验，研究了外界环境和主要参数对光伏模块输出特性的影响。 第 3 章在精细化的七参数光伏模块模型基础上提出了一种基于工作状态分析法的光伏阵列多区间分段函数建模方法；验证了所建模型的正确性和仿真模型的精确性；分析了不同结构阵列的输出特性和最大功率点的分布规律。 第 4 章在第 2 章对光伏模块输出特性研究的基础上，针对单一光照情况，提出了一种基于简化梯度法与功率预测相结合的扰动寻优MPPT 算法。 第 5 章在第 3 章建立的多照度下光伏阵列分段模型的基础上，提出一种改进的 Fibonacci 搜索和预测功率相结合的 MPPT 算法，并通过仿真验证 MPPT 算法的有效性。

本书内容源自笔者多年从事光伏发电和相关技术的研究成果及心得体会，大部分技术仿真和实验数据来源于笔者的一些实际项目成果，夏梦晨、张福玉、赵彬宏、计新言等参与了书中的部分实验和数据搜集工作。 本书受北京建筑大学市属高校基本科研业务费资助。

限于笔者自身的学识水平，书中难免存在不足之处，恳请读者指正。

著者

目录

第3章 基于工作状态分析法的光伏阵列建模和输出特性研究 / 048

第4章 光伏模块单一照度下改进的扰动寻优 MPPT 算法研究 / 077

第5章　光伏阵列多照度下改进的 Fibonacci 搜索 MPPT 算法研究 / 094

第**1**章

绪论

1.1 光伏阵列系统概述

作为一种无污染、可再生能源利用技术，光伏发电已经广泛应用于各个领域。同时由于光伏建筑一体化技术的广泛应用，使光伏阵列所处的环境也变得更加复杂。在建筑密集地区中的大楼帷幕、外墙、屋顶等场地安装光伏系统，建筑物之间的距离受到限制，导致光伏系统会受到建筑物之间产生的阴影和反射以及周围树木的影响。同时，天上云层遮挡、阵列表面灰尘也会使阵列光照不均匀，导致阵列功率输出呈现多峰特性，输出功率大幅度下降，甚至形成热斑而损坏阵列，增大了最大功率点跟踪控制的难度，严重影响光伏发电系统的运行效率。因此，针对复杂条件下研究光伏阵列建模和输出特性对最大功率点跟踪和提高电能输出具有重要意义。

光伏阵列是整个系统的能量提供单元，其能量转换和输出功率决定着整个系统的成本。通过嵌入最大功率跟踪点的固定算法，最大功率点跟踪（Maximum Power Point Tracking，MPPT）控制器可以有效提高整体的输出功率，并且控制整个系统的运行状态。MPPT 控制算法是固化在 MPPT 控制器中微处理芯片内的算法程序，目的是在环境条件不断变化的情况下，光伏阵列仍能输出最大功率，从而提高发电的效率，同时也可减少储能装置的装机容量，降低整个系统的建设成本。

因此，建立能反映各种环境变化、实用和精确的光伏阵列模型是光伏发电系统研究和分析的基础。本书以提高光伏阵列电能输出为目标，介绍了光伏模块数学模型、光伏阵列数学模型、输出特性以及最大功率点跟踪控制等技术。

1.2 光伏发电系统的关键技术

由光伏电池、光伏控制系统、充放电控制器、蓄电池组（可选）、逆变器及各种辅助设备组成的并网光伏发电系统如图 1-1 所示。光伏模块将太阳能转变成直流电能，经逆变器逆变后，由变压器升压，接入中压或高压电网[1,2]。光伏发电系统的关键技术涉及光伏阵列、并网逆变器和相应的控制系统[3,4]。

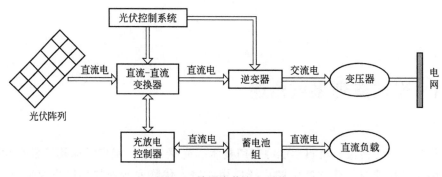

图 1-1 并网光伏发电系统

本书对光伏发电系统关键问题中的光伏电池模型、光伏阵列模型、最大功率点跟踪技术等展开深入研究，解决光伏模块给定参数与模型参数匹配、复杂光照环境下光伏阵列数学建模以及最大功率点跟踪容易陷入局部极值等问题，为光伏阵列优化配置和实现最大功率输出提供理论支持。

1.3 光伏电池和光伏阵列模型研究现状

1.3.1 光伏电池模型研究现状

建立光伏电池模型是为了对实际光伏电池进行抽象描述，使其尽可能精确地反映电池在各种因素影响下的输出特性和变化规律，表现形式为输出电压-电流（V-I）和电压-功率（V-P）特性。根据等效电路中所含参数不同将电池模型分为三参数模型、四参数模型、五参数模型和七参数模型。

（1）三参数模型

三参数模型由一只正向二极管并联一个线性独立的恒流源组成，3 个参数为：光生电流 I_{pv}、二极管 VD 反向饱和电流 I_o 和二极管理想因子 A，三参数等效电路模型如图 1-2 所示。

V-I 输出特性表达式为

$$I = I_{pv} - I_{VD}$$

$$= I_{pv} - I_o \left[\exp\left(\frac{V}{AV_T} \right) - 1 \right] \qquad (1\text{-}1)$$

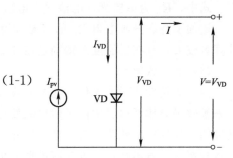

图 1-2　三参数等效电路模型

式中　I——单体光伏电池输出电流，A；

　　　V——单体光伏电池输出电压，V；

　　　I_{pv}——光伏电池产生光生电流，A；

　　　I_{VD}——流过二极管的电流，A；

　　　V_T——热电压，$V_T = KT/q$；

　　　K——波尔茨曼常数，1.3806×10^{-23} J/K；

　　　T——光伏电池绝对温度，K；

　　　q——单位电荷，1.6022×10^{-19} C；

　　　I_o——内部等效二极管反向饱和电流，A；

　　　A——二极管特性理想因子，主要由光伏电池伏安特性测量中求得[5]。

该模型虽然参数少，计算简单，但是没有考虑实际串联电阻和并联电阻，实用性差。

（2）四参数模型

如果考虑光伏电池体电阻、表面电阻、电极导体电阻和电极与硅表面间接触电阻组成的等效串联电阻，可得到如图 1-3 所示四参数等效电路模型[6]。R_s 为单体光伏电池串联电阻，数值一般小于 1Ω。该模型计算仍然相对简单，但输出精度较差。

V-I 输出特性表达式为

$$I = I_{pv} - I_{VD} = I_{pv} - I_o \left[\exp\left(\frac{V + IR_s}{AV_T} \right) - 1 \right] \qquad (1\text{-}2)$$

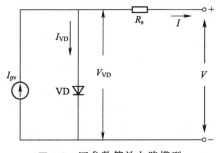

图 1-3　四参数等效电路模型

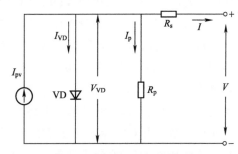

图 1-4　五参数等效电路模型

（3）五参数模型

光伏电池硅片边缘不清洁或体内固有缺陷所引起的漏损电阻组成了并联电阻，五参数等效电路模型如图 1-4 所示[7,8]。

V-I 输出特性表达式为

$$I = I_{pv} - I_{VD} - I_p = I_{pv} - I_o \left[\exp\left(\frac{V + IR_s}{AV_T} \right) - 1 \right] - \frac{V + IR_s}{R_p} \qquad (1\text{-}3)$$

式中，R_p 为单体光伏电池并联电阻，数值一般为几十欧姆到几千欧姆。

增加了并联分流电阻 R_p 的五参数模型尽管使输出特性有了较大的改进，但是计算量较大，且在低照度下特别是在开路电压 V_{oc} 附近，输出精度较差。

（4）七参数模型

为了更精确地反映光伏电池的非线性特性，再增加一个二极管 VD2（图 1-5），用来等效半导体耗尽层中由于能量激发可能产生少子的恢复运动，使模型可以更精确地描述光伏电池的漏电流特性。当光伏电池处于复杂光照环境下时，其漏电流特性直接影响其输出特性，因此该模型能更好地描述光伏电池的暗特性。特性方程有 7 个参数，故称为七参数模型[9,10]。

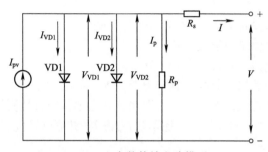

图 1-5 七参数等效电路模型

V-I 输出特性表达式为

$$I = I_{pv} - I_{VD1} - I_{VD2} - I_p$$

$$= I_{pv} - I_{o1}\left[\exp\left(\frac{V+IR_s}{A_1 V_T}\right) - 1\right] - I_{o2}\left[\exp\left(\frac{V+IR_s}{A_2 V_T}\right) - 1\right] - \frac{V+IR_s}{R_p} \tag{1-4}$$

式中　I_{o1}、I_{o2}——二极管 VD1、VD2 反向饱和电流，A；

　　　A_1、A_2——二极管 VD1、VD2 特性理想因子。

根据不同精度要求和应用场合，使用较多的光伏电池模型有三类：电路模型[11-14]、工程模型[15-18]和拟合模型[19-21]。如前所述电路模型是基于光伏电池等效电路所建，仿真精度较高，但参数计算复杂，也无法应用厂商提供的电池参数，实用性差[22]；工程模型是基于电路模型推导建立的模型，该模型综合了厂商提供的 4 个参数，并对实际工况进行模拟，但只能用于单一光照情况，不能用于检测和控制算法研究[23]；拟合模型是一种外特性模型，仅根据光伏电池外部输出特性，利用各种拟合方法对特性曲线做近似处理得到 V-I 表达式。由于建立的数学模型没有超越方程，运算速度快，在精度要求不高的场合能够比较准确地模拟光伏电池输出特性，但仅适用于特定组件和工况，不能用于动态模拟[24,25]。

本书以光伏电池电路模型为研究对象，对精度较高的七参数模型进行优化和改进，解决模型参数与厂商提供模块参数不匹配的问题，使得该模型能精确地模拟光伏模块输出特性。

1.3.2 光伏阵列模型研究现状

光伏阵列在单一光照环境下，输出特性与组成的模块特性保持一致，具有单峰特性，阵列模型可直接由模块模型进行推导建立。在实际应用中，由于光伏阵列结构、所处环境复杂性以及电池模块自身老化程度等不同因素，在光伏阵列上形成不同照度分布，使阵列输出特性呈现出不确定性和强非线性，严重降低系统输出功率，甚至会对光伏模块造成损坏。因此需要在光伏阵列中加装旁路二极管，改变电流路径，使输出 V-I 呈现多阶梯特性和 V-P 呈现多峰值特性[26-29]，这时单一照度下的模型不再适用，需要建立复杂光照下的光伏阵列数学模型。

目前国内外学者对如何优化多照度下的光伏阵列数学模型和如何解决多局部峰值干扰问题提出了多种解决方法。文献 [30-34] 将研究对象限定在局部阴影对单个模块或两个串联模块的影响，未能扩展到阵列应用水平。文献 [35-37] 对工程数学模型进行了分析，简化了模块中的串联电阻和并联电阻，对单个模块或者小型光伏阵列输出特性描述精确。文献 [38-41] 分别采用了改进的单二极管和双二极管数学模型，该模型精度高，但计算参数较多，需要同步数值求解多个隐式方程，计算量大。文献 [42-44] 虽然通过 MATLAB 仿真环境对光伏阵列输出特性曲线展开讨论，但是避开了较复杂阴影条件下的光伏阵列建模。文献 [45] 为了缩短模型计算时间，将输入参数减少到 4 个，用迭代方法估计 R_p 和 R_s 的值，参数的简化降低了双二极管模型的精度优势。文献 [46] 就如何优化局部阴影条件下阵列的数学模型和有效解决局部峰值干扰问题进行了研究，但只是针对在特定照度分布下的模型进行讨论，未能给出实际通用建模方法。

MATLAB 因其强大的求解各种复杂工程的计算能力、模块化的建模环境和灵活的编程功能而成为众多学者对光伏电池建模的首选工具。将 Simulink 环境下搭建的光伏模块与 m 文件灵活编程相结合，可以实现各种结构阵列的建模和复杂方程的求解[47-50]。

本书基于改进的七参数模型建立复杂光照环境下的光伏阵列模型，对不同光照分布、不同拓扑结构阵列采用基于工作状态分析法进行多区间函数建模，推导光伏阵列数学模型。

1.4 不同光照环境下 MPPT 研究现状

1.4.1 单一照度下 MPPT 研究现状

光伏模块是一种非线性直流电源，输出 V-P 是一条非线性曲线，在整个输出电压区间存在一个最大功率点。为了最大限度地提高太阳能利用率和模块输出功率，需要根据环境变化实时地调整模块工作点，使之始终输出最大功率，这一过程称为最大功率点跟踪（Maximum Power Point Tracking，MPPT）。根据工作原理不同 MPPT 算法可分为数学模型法、扰动寻优法和智能处理法。

（1）数学模型法

以光伏阵列数学模型为基础，建立各种环境下的阵列等效电路模型，由输出特性曲线得到最大功率点输出。典型的数学模型法有开路电压比例系数法和短路电流比例系数法。当环境温度和照度发生改变时，光伏阵列开路电压 U_{oc} 和短路电流 I_{cs} 与最大功率点电压 U_{m} 和电流 I_{m} 之间存在着近似的线性关系：

$$\begin{cases} U_{m} \approx K_{v} U_{oc} \\ I_{m} \approx K_{i} I_{cs} \end{cases} \tag{1-5}$$

式中，K_{v}、K_{i} 为比例常数，取值区间为 [0.75，0.85]。该方法电路结构简单，在最大功率点 P_{m} 附近不会产生振荡，可以直接用模拟电路实现。但公式(1-5)不能保证阵列工作在真正的 P_{m}，控制精度较低，而且测量 U_{oc} 需要将负载断开，造成瞬时功率损失。测量 I_{cs} 也比较复杂，需要在逆变器中增加开关，对光伏阵列进行周期性短路来测得[51-53]。

（2）扰动寻优法

扰动寻优法是直接测量光伏阵列输出电压和电流等信息来进行 MPPT。典型的有扰动观察法和电导增量法。

扰动观察法是通过周期性地给阵列输出电压施加一定步长的扰动来增加或者减少阵列工作点输出电压，然后比较当前输出功率与前一周期输出功率的差值来判断下一周期的扰动方向。若功率增加，下一个周期继续以相同方向施加扰动，否则改变扰动方向，直至工作点满足设定误差，扰动结束，阵列输出最大功率[54-57]。扰动观察法结构简单，被测参数少，容易实现。但引入扰动会导致系统在最大功率点附近来回振荡，稳定性较差，并且跟踪速度和精度之间存在矛盾，环境发生快速变化时，会损失较大功率，甚至导致跟踪失效。针对扰动观察法存在的缺点，学者进行了改进和优化，文献 [58，59] 采用了模糊控制等方法来优化扰动步长；文献 [60] 采用基于光伏模块四参数模型最优占空比估算法，用分段线性函数来产生扰动步长，克服光照快速变化时的漂移现象；文献 [61] 采用了 3 点加权比较来克服外部环境发生突变时的误判。

电导增量法是通过比较光伏阵列的瞬时电导和电导变化量来实现 MPPT。单一照度下，V-P 是一条一阶连续可导的单峰曲线，在 P_{m} 处功率对电压的导数为零：

$$\frac{dP}{dU} = \frac{d(UI)}{dU} = I + U\frac{dI}{dU} = 0 \tag{1-6}$$

进一步变换为

$$G + dG = 0 \tag{1-7}$$

式中，G 为电导，$G=I/U$。

式（1-7）为工作在最大功率点需要满足的条件。通过判断 $G+dG$ 的符号来判断阵列是否工作在最大功率点以及参考电压的变化方向。

电导增量法跟踪速度较快，下一刻参考电压的变化方向与前一刻工作点的电压和功率值无关，没有光照快速变化时的误判问题，但在步长和精度选择上仍存在困难，对传感器要求较高[62]。针对扰动观察法存在的缺点，文献［63］采用一种可根据环境变化来调整步长系数的闭环控制法，在光照快速变化时，系统仍保持较大步长运行，提高了系统的响应速度和系统稳定性。文献［64］将模糊控制引入电导增量法，进一步提高了追踪精度，减小了在最大功率点处的振荡幅度。

（3）智能处理法

模糊逻辑控制、神经网络等人工智能算法与传统 MPPT 算法相结合，在一定程度上能够较好地缓解跟踪速度与跟踪精度之间的矛盾。

模糊逻辑控制法原理：采样数据经过一定的运算，通过判断光伏阵列当前工作点和最大功率点之间的位置关系，自动改变扰动电压的方向和大小，使工作点逐渐接近最大功率点[65-69]。模糊控制的特点是将专家经验和知识表示为语言控制规则的形式去控制跟踪系统，跟踪速度快，达到最大功率点后波动很小，动态性能和精度较好。但在定义模糊集、确定隶属函数形状和制定规则表等方面更多地依赖设计人员的直觉和经验。

基于神经网络 MPPT 的控制方法将训练样本信息输入到神经网络中，阵列开路电压 U_{oc}、短路电流 I_{sc}、占空比 D 或者外界环境参数信息从输入层经过隐层节点逐层计算、处理后传至输出层。如果输出 U_m 或者变流器的 D 达不到期望值，就将误差信号沿路径反向传回，并对各层神经元的权值进行修正，再进行正向传播，达到误差要求后学习过程结束。该算法克服了追踪误差大和误判问题，具有更高的控制精度和稳定性。但需要大量的样本数据经过神经网络训练获得权重，而各种光伏阵列参数并不相同，使训练过程长，难度大[70-75]。

由上述分析可知，任何一种算法都具有不同的优缺点，在应用中需要对上述算法进行改进或者将两种优点互补的算法相结合，取得较好的效果[76-79]。本书采用梯度法与功率预测法相结合进行最大功率点跟踪，硬件电路简单，解决定步长扰动观察法在 MPPT 时存在的振荡和误判问题，准确判断出光照变化。

1.4.2 多照度下 MPPT 研究现状

多照度环境下，阵列输出 $V\text{-}P$ 为多峰曲线，存在多个局部极值功率，单一照度下的 MPPT 算法不再适用，需要设计多照度下 MPPT 控制算法。

（1）阵列拓扑优化法

文献［80-84］通过对不同拓扑结构阵列输出特性的研究，发现多照度下改变阵列配置结构可以防止输出功率的多峰现象。文献［85］通过变换阵列组成方式，结合升压功率转换器和大宽带最大功率点跟踪器，将阵列中每个模块输出功率最大化，但在阴影下阵列输出电压被拉低。文献［86］将不同照度下的模块进行隔离，使其形成独立的充放电回路，防止输出多个峰值。文献［87］利用了串并联阵列优势，根据照度变化的自适应重配方案来构建动态连接的阵列结构。在应用中照度变化无时不在，仅讨论给定照度方案配置显然无法适应全天候环境。采用分布式 MPPT 系统结构可以减少不同照度对模块输出功率的影响，提高跟踪速度[88]。这些方法都是基于阵列特定照度水平下进行讨论的，实现电路需要额外硬件配置。

（2）区间数据采样法

为了防止数据采样法 MPPT 在多照度下陷入功率局部极值，通过分析 V-P 曲线特点来缩小全局最大功率点跟踪范围，避免跟踪失效，或者在多照度下不能判断是否是全局最大功率点时，采用新算法来跳出局部极值点。文献［89-91］采用了分阶段 MPPT 搜索算法，先通过扰动工作点，缩小搜索范围，再进行全局最大功率点搜索。该方法实现电路简单，但最大功率点位于负载线左侧时，最大功率点可能位于搜索区间之外。文献［92］利用神经网络法在多照度下进行网络训练，通过提供跟踪需要的参考电压来移动工作点，防止陷入局部极值。文献［93-96］将电导增量法与初始电压跟踪法相结合，根据照度变化进行全局搜索。该算法对特定串联阵列搜索效果较好，容易实现。

（3）智能寻优法

智能算法是利用现代控制理论和控制方法进行 MPPT，常用的遗传算法有粒子群算法、蚁群算法等。粒子群算法是一种多极值函数全局优化算法，从随机解出发，通过粒子的连续迭代寻找最优解来实现全局寻优[97-99]。智能算法具有实现容易、精度高、逼近最优解速度快等优点，存在的共同问题是计算量大，实现电路复杂等，因此消除误判、简化算法和实现电路成为 MPPT 控制算法的设计关键。

本书采用基于分段函数的多区间 Fibonacci 搜索 MPPT 算法，通过对 Fibonacci 搜索算法的改进，可以准确、快速、稳定地跟踪到全局最大功率点，实现电路简单，并且适用于光照快速变化的环境。

1.5　本章小结

本章介绍了本书研究内容的概况和整个光伏发电系统的组成和涉及的关键技术，详细介绍了光伏电池模型和光伏阵列模型的研究现状、单一照度下和多照度下 MPPT 的研究现状。通过本章介绍，可以使读者对光伏阵列及其最大功率点跟踪技术进行全面了解，并关注目前研究内容在应用中存在的问题，为后续章节的深入介绍做铺垫。

参考文献

[1] 张兴，曹仁贤. 太阳能光伏并网发电及其逆变控制 [M]. 北京：机械工业出版社，2010.

[2] 王萌. 分布式光伏发电并网系统研究与设计 [J]. 中国设备工程，2017，(24)：100-102.

[3] 王旭平. 国内外光伏发电产业技术的发展与应用 [J]. 电子设计工程，2013，21 (24)：110-117.

[4] 杨富文，吴志鹏. 太阳能光伏发电中几个关键技术 [J]. 电源学报，2013，(3)：19-26.

[5] 张纯杰，赵志刚，桑虎堂. 光伏电池的建模综述 [J]. 电源技术，2016，40 (4)：927-930.

[6] 魏学业，王立华，张俊红. 光伏发电技术及其应用 [M]. 北京：机械工业出版社，2013.

[7] Jain S C, Aernout T, Kapoor A K, et al. I-V characteristics of dark and illuminated PPV-PCBM blends solar cells [J]. Synthetic Metals, 2005, 148 (3)：245-250.

[8] Wolf P, Benda V. Identification of PV solar cells and modules parameters by combining statistical and analytcal methods [J]. Solar Energy, 2013, 93：151-157.

[9] Petrone G, Ramos-Paja C. Modeling of photovoltaic fields in mismatched conditions for energy yield evaluations [J]. Electric Power Systems Research, 2011, 81 (4)：1003-1013.

[10] 孙航，肖海伟，李晓辉，等. 光伏电池模型综述 [J]. 电源技术，2016，40 (3)：743-745.

[11] Deline C, Dobos A, Janzou S, et al. A simplified model of uniform shading in large photovoltaic arrays [J]. Solar Energy, 2013, 96：274-282.

[12] 赵福鑫，魏彦章. 太阳电池及其应用 [M]. 北京：国防工业出版社，1985.

[13] 焦阳，宋强，刘文华. 光伏电池实用仿真模型及光伏发电系统仿真 [J]. 电网技术，2010，3 (11)：198-202.

[14] 范发靖，袁晓玲. 基于 MATLAB 的光伏电池建模方法的比较 [J]. 机械制造与自动化，2012，41 (2)：157-159，163.

[15] 澎湃，程汉湘，陈杏灿. 光伏电池工程用数学模型及其模型的应用研究 [J]. 电源技术，2017，41 (5)：780-782，789.

[16] 廖志凌，阮新波. 任意光强和温度下的硅太阳电池非线性工程简化数学模型 [J]. 太阳能学报，2009，30 (4)：430-435.

[17] 江小涛，吴麟章，王远，等. 硅太阳电池数学模型 [J]. 武汉科技学院学报，2005，18 (8)：5-8.

[18] Mahmoud Y, Xiao W, Zeineldin H H. A simple approach to modeling and simulation of photovoltaic modules [J]. IEEE Transactions on Sustainable Energy, 2012, 3 (1)：185-186.

[19] 赵争鸣，刘建政. 太阳能光伏发电及其应用 [M]. 北京：北京科技大学出版社，2005.

[20] 陈阿莲，冯丽娜，杜春水，等. 基于支持向量机的局部阴影条件下光伏阵列建模 [J]. 电工技术学报，2011，26 (3)：140-147.

[21] Maria C D P, Gianpaolo V. Photovoltaic Sources [M]. London, United Kingdom：Springer London, 2013.

[22] 秦岭，谢少军，杨晨，等. 太阳能电池的动态模型和动态特性 [J]. 中国电机工程学报，2013，33 (7)：19-26.

[23] 杨永恒，周克亮. 光伏电池建模及 MPPT 控制策略 [J]. 电工技术学报，2011，26 (1)：229-234.

[24] Nishioka K, Sakitani N, Uraoka Y, et al. Analysis of multicrystalline silicon solar cells by modified 3-diode equivalent circuit model taking leakage current through periphery into consideration [J]. Solar Energy Materials and Solar Cells, 2007, 91 (13)：1222-1227.

［25］ 王竞超，汪友华. 光伏电池的建模和仿真 ［J］. 电源技术，2012，36（9）：1303-1305.

［26］ 居发礼. 积灰对光伏发电工程的影响研究 ［D］. 重庆：重庆大学，2010.

［27］ Ding K，Bian X G，Liu H H，et al. A Matlab-Simulink-Based PV module model and is application under conditions of nonuniform irradiance ［J］. IEEE Transactions on Energy Conversion，2012，27（4）：864-872.

［28］ Mekhilef S，Saidur R，Kamalisarvestani M. Effect of dust，humidity and air velocity on efficiency of photovoltaic cells ［J］. Renewable and Sustainable Energy Reviews，2012，16（5）：2920-2925.

［29］ Andrews R W，Pollard A，Pearce J M. The effects of snowfall on solar photovoltaic performance ［J］. Solar Energy，2013，92：84-97.

［30］ Ishaque K，Salam Z，Syafaruddin. A comprehensive MATLAB Simulink PV system simulator with partial shading capability based on two-diode model ［J］. Solar Energy，2011，85（9）：2217-2227.

［31］ Deline C，Dobos A，Janzou S. A simplified model of uniform shading in large photovoltaic arrays ［J］. Solar Energy，2013，96：274-282.

［32］ Seyedmahmoudian M，Mekhilef S. Analytical modeling of partially shaded photovoltaic systems ［J］. Energies，2013，6（1）：128-144.

［33］ Magee V，Shepherd A A. Silicon photo-voltaic cells for instrumentation and control applications ［J］. Journal of the British Institution of Radio Engineers，1960，20（11）：803-817.

［34］ Agrawal N，Kapoor A. Investigation of the effect of partial shading on series and parallel connected solar photovoltaic modules using LambertW-Function ［C］//National Conference on Recent Advances in Experimental and Theoretical Physics（RAETP），2018. Jammu，India，2018：1-5.

［35］ Patel H，Agarwal V，MATLAB-Based modeling to study the effects of partial shading on PV array characteristics ［J］. IEEE Transactions on Energy Conversion，2008，23（1）：1-9.

［36］ Liu X Y，Qi X M，Zheng S S. Model and analysis of photovoltaic array under partial shading ［J］. Power System Technology，2010，34（11）：1-6.

［37］ Liu X Y，Qi X M，Zheng S S. Study on simulation model of PV array under partially shading ［J］. Journal of System Simulation，2012，24（5）：1-7.

［38］ Tarabsheh A A，Etier I，Fath H. Performance of photovoltaic cells in photovoltaic thermal（PVT）modules ［J］. Renewable Power Generation，2016，10（7）：1017-1023.

［39］ Sánchez Reinoso C R，Milone D H，Buitrago R H. Simulation of photovoltaic centrals with dynamic shading s ［J］. Applied Energy，2013，103：278-289.

［40］ Abdulkadir M，Samosir A S，Yatim A H M. Modeling and simulation based approach of photovoltaic system in simulink models ［J］. Journal of Engineering and Applied Sciences，2012，7（5）：617-623.

［41］ Liu X G，Hua W S，Liu X. Experimental investigations of laser intensity and temperature dependence of single crystal silicon photovoltaic cell parameters ［J］. Chinese Journal of Lasers，2015，42（8）：66-71.

［42］ Tomar A，Mishra S. Synthesis of a new DLMPPT technique with PLC for enhanced PV energy extraction under varying irradiance and load changing conditions ［J］. IEEE Journal of Photovolatics，2007，7（3）：839-848.

［43］ 闫荣超，李畸勇. 局部阴影条件下的光伏阵列建模与特性仿真 ［J］. 信息技术，2011，40（1）：123-126.

［44］ Alonso-Garcia M C，Ruiz J M，Chenlo F. Experimental study of mismatch and shading effects in the I-V characteristic of a photovoltaic module ［J］. Solar Energy Materials & Solar Cells，2006，90（3）：329-240.

［45］ Ishaque K，Salam Z，Taheri H. Accurate MATLAB simulink PV system simulator based on a two-diode model ［J］. Journal of Power Electronics，2011，11（2）：179-187.

[46] Hamadi Z，Moncef J，Néjib H. Modelling and simulation of photovoltaic pumping systems under matlab simulink [J]. International Journal of Power and Energy Systems，2007，27（1）：68-74.

[47] 但扬清，刘文颖，朱艳伟. 局部阴影条件下光伏阵列 matlab 仿真及输出效率分析 [J]. 太阳能学报，2013，（6）：997-1001.

[48] 邵伟明，程树英，林培杰，等. 局部阴影下光伏阵列 MPPT 算法及实现 [J]. 电源学报，2016，14（1）：27-34.

[49] Krismadinata，Rahim N A，WooiPing H，et al. Photovoltaic module modeling using simulink/matlab [J]. Procedia Environmental Sciences，2013，17（1）：537-546.

[50] Singh S，Aakanksha S，Rajoriya M，et al. Design and simulation of photovoltaic cell using simscape MATLAB [J]. Advances in Intelligent Systems and Computing，2019，741：579-588.

[51] Masoum M A S，Dehbonei H，Fuchs E F. Theoretical and experimental analyses of photovoltaic systems with voltage and current based maximum power point t racking [J]. IEEE Transactions on Energy Conversion，2002，17（4）：514-522.

[52] Yusof Y，Sayuti S H，Abdul L M，et al. Modeling and simulation of maximum power point tracker for photovoltaic system [C]//Proceedings of National Power and Energy Conference，2004. Lumput，Malaysia，2004：88-93.

[53] D′ Souza N S，Lopes L A C，Liu X J. Anintelligent maximum power point tracker using peak current control [C]//IEEE 36th Conference on Power Electronics Specialists，2005. Reeife，Brazil：IEEE，2005：172-177.

[54] Chao R M，Ko S H，Pai F S，et al. Evaluation of a photovoltaic energy mechatronics system with a built-in quadratic maximum power point tracking algorithm [J]. Solar Energy，2009，83（12）：2177-2185.

[55] Zan B L，Song Y D，Wang L. An Improved P&O MPPT Method for Photovoltaic Power System [C]// International Conference on Advances in Energy and Environmental Science（ICAEES），2013. Guangzhou，China，2013：45-51.

[56] Chao K H，Li C J. An intelligent maximum power point tracking method based on extension theory for PV systems [J]. Expert Systems With Applications，2010，37（2）：1050-1055.

[57] Alik R，Jusoh A. An enhanced P&O checking algorithm MPPT for high tracking efficiency of partially shaded PV module [J]. Solar Energy，2018，163：570-580.

[58] Al-Majidi S D，Abbod M F，A-Raweshidy H S. A novel maximum power point tracking technique based on fuzzy logic for photovoltaic systems [J]. International Journal of Hydrogen Energy，2018，43（31）：14158-14171.

[59] Carlos R A，John T G，Omar R A. Fuzzy logic based MPPT controller for a PV system [J]. Energies，2017，10（12）：840-873.

[60] Li Q Y，Zhao S D，Wang M Q. An improved perturbation and observation maximum power point tracking algorithm based on a PV module four-parameter model for higher efficiency [J]. Applied Energy，2017，195：523-537.

[61] Li H，Su W Z，Ren F. Three-point bidirectional perturbation MPPT method in PV system [C]//43rd Annual Conference of the IEEE-Industrial-Electronics-Society，2017. Beijing，China：IEEE，2017：7986-7991.

[62] 赵争鸣，陈剑，孙晓瑛. 太阳能光伏发电最大功率点跟踪技术 [M]. 北京：电子工业出版社，2012.

[63] 周东宝，陈渊睿. 基于改进型变步长电导增量法的最大功率点跟踪策略 [J]. 电网技术，2015，（6）：1491-1498.

［64］ 张翔，王时胜，余运俊. 模糊控制法与电导增量法结合的 MPPT 算法研究 ［J］. 电源技术，2014，(12)：2396-2398，2420.

［65］ Veerachary M，Uezato K S. Feed forward maximum power point tracking of PV system using fuzzy controller ［J］. IEEE Transactions on Aerospace and Electronic Systems，2002，38（3）：969-980.

［66］ Wilamowski B M，Li X L. Fuzzy system based maximum power point tracking for PV system ［C］// IEEE Conference of the Industrial Electronics Society，2002. Sevilla，Spain：IEEE，2002：3280-3284.

［67］ Khaehintung N，Sirisuk P. Implementation of maximum power point t racking using fuzzy logic controller for solar-powered light-flasher applications ［C］//The 47th IEEE Midwest Symposium on Circuits and Systems，2004. Hiroshima，Japan：IEEE，2004：171-174.

［68］ 李畸勇. 基于模糊控制的最大功率点跟踪三相光伏发电系统研究 ［D］. 南京：河海大学，2010.

［69］ Yu R R，Wei X Y，Qin Q N，et al. Photovoltaic grid-connected inverter with current tracking control based on Takagi-Sugeno fuzzy model ［J］. Transactions of the Chinese Society of Agricultural Engineering，2010，26（5）：240-245.

［70］ Chen C，Chen P，Chiang W. Stabilization of adaptive neural network controllers for nonlinear structural systems using a singular perturbation approach ［J］. Journal of Vibration and Control，2011，17（8）：1241-1252.

［71］ Messalti S，Harrag A，Loukriz A. A new variable step size neural networks MPPT controller：Review，simulation and hardware implementation ［J］. Renewable & Sustainable Energy Reviews，2017，68：221-233.

［72］ Mellit A，Kalogirou S A，Hontoria L，et al. Artificial intelligence techniques for sizing photovoltaic systems：a review ［J］. Renewable and Sustainable Energy Reviews，2009，13（2）：406-419.

［73］ Mao M X，Zhou L，Yang Z R. A hybrid intelligent GMPPT algorithm for partial shading PV system ［J］. Control Engineering Pratice，2019，83：108-115.

［74］ Saad N H，El-Sattar A A，Metally M E. Artificial neural controller for torque ripple control and maximum power extraction for wind system driven by switched reluctance generator ［J］. Ain Shams Engineering Journal，2018，9（4）：2255-2264.

［75］ Mousa H H H，Youssef A R，Mohamed E E M. Variable step size P&O MPPT algorithm for optimal power extraction of multi-phase PMSG based wind generation system ［J］. International Journal of Electrical Power & Energy Systems，2019，108：218-231.

［76］ Punitha K，Devaraj D，Sakthivel S. Artificial neural network based modified incremental conductance algorithm for maximum power point tracking in photovoltaic system under partial shading conditions ［J］. Energy，2013，62：330-340.

［77］ Fannakh M，Elhafyani M L，Zouggar S. Hardware implementation of the fuzzy logic MPPT in an Arduino card using a Simulink support package for PV application ［J］. IET Renewable Power Generation，2019，13（3）：510-518.

［78］ Ahmad R，Murtaza A F，Sher H A. Power tracking techniques for efficient operation of photovoltaic array in solar applications-A review ［J］. Renewable & Sustainable Energy Reviews，2019，101：82-102.

［79］ Lakshmi M，Hemamalini S. Coordinated control of MPPT and voltage regulation using single-stage high gain DC-DC converter in a grid-connected PV system ［J］. Electric Power Systems Research，2019，169：65-73.

［80］ Karatepe E，Boztepe M，Colak M. Development of a suitable model for characterizing photovoltaic arrays with shaded solar cells ［J］. Solar Energy，2007，81（8）：977-992.

［81］ Karatepe E，Syafaruddin，Hyama T. Simple and high-efficiency photovoltaic system under non-uniform operating condition [J]. IET Renewable Power Generation, 2009, 4 (4): 354-368.

[82] Villa L F L, Picault D, Raison B, et al. Maximizing the power output of partially shaded photovoltaic plants through optimization of the interconnections among its modules [J]. IEEE Journal of Photovoltaics, 2012, 2 (2): 154-163.

[83] Wang Y J, Hsu P C. An investigation of partial shading of PV modules with different connection configurations of PV cells [J]. Energy, 2011, 36 (5): 3069-3078.

[84] 丁明, 陈中. 遮阴影响下的光伏阵列结构研究 [J]. 电力自动化设备, 2011, 31 (10): 1-5.

[85] Gao L, Dougal R A, Liu S, et al. Parallel-connected solar PV system to address partial and rapidly fluctuating shadow conditions [J]. IEEE Transactions on Industrial Electronics, 2009, 56 (5): 1548-1556.

[86] Villa L F L, Ho T P, Crebier J C, et al. A power electronics equalizer application for partially shaded photovoltaic modules [J]. IEEE Transactions on Industrial Electronics, 2013, 60 (3): 1179-1190.

[87] Velasco-Quesada G, Guinjoan-Gispert F, Pique-Lopez R, et al. Electrical PV array reconfiguration strategy for energy extraction improvement in grid-connected PV systems [J]. IEEE Transactions on Industrial Electronics, 2009, 56 (11): 4319-4331.

[88] Jiang L L, Douglas L M, Jagdish C. A novel ant colony optimization-based maximum power point tracking for photovoltaic systems under partially shaded conditions [J]. Energy and Buildings, 2013, 58: 227-236.

[89] 胡义华, 陈昊, 徐瑞东, 等. 阴影影响下最大功率点跟踪控制 [J]. 中国电机工程学报, 2012, 32 (9): 14-26.

[90] Kobayashi K, Takano I, Sawada Y. A study of a two stage maximum power point tracking control of a photovoltaic system under partially shaded insolation conditions [J]. Solar Energy Materials and Solar Cells, 2006, 90 (18, 19): 2975-2988.

[91] Ji Y H, Jung D Y, Kim J G, et al. A real maximum power point tracking method for mismatching compensation in PV array under partially shaded conditions [J]. IEEE Transactions on Power Electronics, 2011, 26 (4): 1001-1009.

[92] Chettibi N, Mellit A, Sulligoi G. Adaptive neural network-based control of a Hybrid AC/DC microgrid [J]. IEEE Transactions on Smart Grid, 2018, 9 (3): 1667-1679.

[93] 董密, 杨建, 彭可, 等. 光伏系统的零均值电导增量最大功率点跟踪控制 [J]. 中国电机工程学报, 2010, 30 (21): 48-53.

[94] Liu F R, Duan S X, Liu B Y, et al. A variable step size INC MPPT method for PV systems [J]. IEEE Transactions on Industrial Electronics, 2008, 55 (7): 2622-2628.

[95] Chao K H, Lee Y H. A maximum power point tracker with automatic step size tuning scheme for photovoltaic systems [J]. International Journal of Photoenergy, 2012: 1-10.

[96] 汤济泽, 王丛岭, 房学法. 一种基于电导增量法的 MPPT 实现策略 [J]. 电力电子技术, 2011, 45 (4): 73-75.

[97] Li H, Yang D, Yu X H. An overall distribution particle swarm optimization MPPT algorithm for photovoltaic system under pPartial shading [J]. IEEE Transactions on Industrial Electronics, 2019, 66 (1): 265-275.

[98] Aouchiche N, Aitcheikh M S, Becherif M. AI-based global MPPT for partial shaded grid connected PV plant via MFO approach [J]. Solar Energy, 2018, 171: 593-603.

[99] Chen P C, Chen P Y, Liu Y H. A comparative study on maximum power point tracking techniques for photovoltaic generation systems operating under fast changing environments [J]. Solary Energy, 2015, 119: 261-276.

第**2**章

面向精细化功率输出的光伏
模块七参数模型研究

2.1 概述

  七参数模型克服了其他模型在特殊情况下精度不高的缺点，但模型中的 7 个参数无法与光伏模块厂商给定的 4 个参数相匹配，不能直接将七参数模型服务于工程应用，因此，对模型参数求解成为应用中必须解决的问题。

  文献 [1，2] 直接将 $(V+IR_s)/R_p$ 忽略，令光生电流 $I_{pv}=I_{sc}$，得到简化的工程模型，虽然可以使电池输出特性与厂商参数联系起来，却使计算精度降低，也不能反映多照度的情况。R_s、R_p 和 A 的提取比较复杂，文献 [3-5] 提出 R_s 随着温度升高而增加，而文献 [6] 提出 R_s 与照度对数成反比，文献 [7] 提出 R_p 与 I_{sc} 近似成反比关系，文献 [8-10] 在特定外界条件下从一条或多条伏安特性曲线中求解串联电阻，求解过程比较复杂，精度不高。文献 [11] 采用迭代方法计算出 I_{o1} 和 I_{o2}，迭代算法使计算量增加，而且是建立在不合适初始值的基础上。还有学者提出采用解析法、数值法、智能算法等来提取 A_1、A_2、R_s 和 R_p，这些方法的共同特点是将 3 个参数分别采用不同的条件和算法求解，或者在计算中引入经验参数，降低了模型的准确性和普遍适应性。或者在求 R_s 时忽略掉 R_p，求 R_p 时也采用类似的方法，将 R_s 和 R_p 的值分开确定会导致最终精度较差，因此 R_p 和 R_s 的值必须同时考虑。还有一些智能控制方法可以提取参数，如神经网络法[12]和遗传算法[13]。这些方法在一定程度上进行了指数项的简化或者采用函数近似方式，使变换后模型的计算精度降低，求解参数复杂，应用困难。

  本章针对研究光伏阵列需要一个精确的、能模拟全天候条件的模型问题，研究光伏模块数学模型这一关键技术，采用最大功率点匹配和牛顿-拉夫逊算法相结合实现同时求解串联电阻和并联电阻值的方法，研究光伏电池光生电流、反向饱和电流和二极管理想因子等参数优化方法，建立直接利用商家给定模块参数就可以进行模块输出特性仿真的精细化七参数模型。通过对比实验研究表明：精细化七参数模型输出性能优于光伏模块五参数模型和四参数模型，且能更好地描述光伏模块的暗特性和高温特性，为复杂光照环境下光伏阵列输出特性的研究提供了一种数学模型。

2.2　七参数模型的参数提取

2.2.1　参数提取方法

光伏模块生产商提供标准条件下（温度 25℃，照度 1000W/m²，大气质量为1.5 时对应的光谱）的参数为：开路电压 V_{oc}、短路电流 I_{sc}、最大功率点电压 V_m、最大功率点电流 I_m、开路电压/温度系数 K_v、短路电流/温度系数 K_i，最大输出功率 P_m。下面将利用模块给定参数求解 7 个未知参数：I_{pv}、I_{o1}、I_{o2}、A_1、A_2、R_s 和 R_p。

（1）I_{pv} 提取

I_{pv} 是环境照度和温度的函数，光伏模块数据表中给出的 I_{sc} 是实际设备输出最大电流。由于实际中串联电阻值很小，并联电阻值很大，通常认为 $I_{sc} \approx I_{pvs}$，I_{pv} 与 G 成正比，并受温度影响。

$$I_{pv} = (I_{pvs} + K_i \Delta T)G/G_s$$
$$= (I_{sc} + K_i \Delta T)G/G_s \tag{2-1}$$

式中　I_{sc}——标准条件下模块短路电流，A；

$\quad I_{pvs}$——标准条件下模块光生电流，A；

$\quad \Delta T$——$\Delta T = T - T_s$；

$\quad T$——电池表面温度，℃；

$\quad T_s$——标准温度，25℃；

$\quad G$——电池表面照度，W/m²；

$\quad G_s$——标准照度，1000W/m²；

$\quad K_i$——短路电流温度系数，%/℃。

（2）I_{o1}、I_{o2}、A_1 和 A_2 提取

二极管反向饱和电流 I_o 与温度 T 的关系[14]：

$$I_o = I_{os}\left(\frac{T_s}{T}\right)^3 \exp\left[\frac{qE_g}{AK}\left(\frac{1}{T_s} - \frac{1}{T}\right)\right] \tag{2-2}$$

式中　E_g——半导体带隙能量，对于多晶硅在标准温度下，$E_g = 1.12\mathrm{eV}$；

$\quad I_{os}$——标准条件下反向饱和电流，A。

考虑到温度变化，在五参数模型中，对公式(2-2)进行改进[15]：

$$I_o = \frac{I_{sc} + K_i \Delta T}{\exp[(V_{oc} + K_v \Delta T)/A V_T/n] - 1} \tag{2-3}$$

式中，n 为组成光伏模块的串联电池数。

将公式(2-3)应用于七参数模型中，为了保证等式有相同形式，两个反向饱和电流设置为大小相等。

$$I_{o1} = I_{o2} = I_o = \frac{I_{sc} + K_i \Delta T}{\exp\{(V_{oc} + K_v \Delta T)/[(A_1 + A_2)/p/n]/V_T\} - 1} \tag{2-4}$$

公式(2-4)简化了 I_{o1}、I_{o2} 的计算，不需要迭代，可以通过解析方法求解，根据肖克利扩散电流理论，A_1 必须是统一的整数，A_2 值可以灵活选择。对于 A 的选取，根据大量实际测量数据并考虑与模型 $V\text{-}I$ 曲线中其他参数相匹配，通常认为：

$$\begin{cases} (A_1 + A_2)/p = 1 \\ 1 \leqslant A_1 \leqslant 1.5 \\ A_2 \geqslant 1.2 \end{cases} \tag{2-5}$$

式中，p 为每个并联旁路二极管所保护的光伏电池个数，通常 $p \geqslant 2.2$[16]，因此 $A_1 = 1$，$A_2 = 2$。

I_{o1} 和 I_{o2} 可表示为

$$I_{o1} = I_{o2} = \frac{I_{sc} + K_i \Delta T}{\exp[(V_{oc} + K_v \Delta T)/V_T/n] - 1} \tag{2-6}$$

饱和电流非常依赖于温度，公式(2-6)提出了一个独特方法来表示 I_o 对温度的依赖性，消除了 A_1 和 A_2 在选择过程中容易产生的分歧。

将公式(2-1)和公式(2-6)确定的 5 个参数（I_{pv}、I_{o1}、I_{o2}、A_1、A_2）和光伏模块列表中的数据代入公式(1-4)，得到只含有 R_s 和 R_p 的七参数模型公式。

2.2.2　最大功率点匹配原理

（1）光伏模块的数学模型

光伏模块等效电路模型如图 2-1 所示，模块由 n 个电池串联组成。

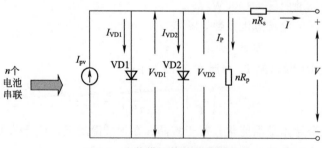

图 2-1　光伏模块等效电路模型

模块串联电阻 R_{ms} 和并联电阻 R_{mp}：

$$\begin{cases} R_{ms} = nR_s \\ R_{mp} = nR_p \end{cases} \tag{2-7}$$

将式(2-7) 代入式(1-4)，得到模块 V-I 数学模型：

$$I = I_{pv} - I_o \left[\exp\left(\frac{V + nR_s I}{nV_T}\right) + \exp\left(\frac{V + nR_s I}{2nV_T}\right) - 2 \right] - \frac{V + nR_s I}{nR_p} \tag{2-8}$$

将 I_{pv}、I_{o1}、I_{o2}、A_1 和 A_2 5 个参数代入式(2-8)：

$$I = (I_{sc} + K_i \Delta T)\frac{G}{G_s} - \frac{(I_{sc} + K_i \Delta T)}{\exp\left(\frac{V_{oc} + K_v \Delta T}{V_T}\right) - 1}\left[\begin{matrix} \exp\left(\frac{V/n + R_s I}{V_T}\right) + \\ \exp\left(\frac{V/n + R_s I}{2V_T}\right) - 2 \end{matrix} \right] - \frac{V + nR_s I}{nR_p} \tag{2-9}$$

（2）R_s 和 R_p 提取

光伏模块在标准条件下，$G = G_s$，$\Delta T = 0$，由式(2-8) 可得最大功率点 P_m $(I_m，V_m)$ 的输出表达式：

$$I_m = I_{sc} - \frac{I_{sc}}{\exp(V_{oc}/V_T) - 1}\left[\begin{matrix} \exp\left(\frac{V_m/n + R_s I_m}{V_T}\right) + \\ \exp\left(\frac{V_m/n + R_s I_m}{2V_T}\right) - 2 \end{matrix} \right] - \frac{V_m + nR_s I_m}{nR_p} \tag{2-10}$$

对于任意 R_s 值，由式(2-10) 很容易计算出 R_p 值，实现了 R_s 和 R_p 同时计算。由于 R_s 值很小，设定 R_s 初始值为零，即 $R_{s0} = 0$。R_p 初值 R_{p0} 由下式表示：

$$R_{p0} = V_m \bigg/ \left\{ nI_{sc} - \frac{nI_{sc}}{\exp(V_{oc}/V_T) - 1}\left[\exp\left(\frac{V_m/n}{V_T}\right) + \exp\left(\frac{V_m/n}{2V_T}\right) - 2 \right] - nI_m \right\} \tag{2-11}$$

最大功率点匹配原理是让理论计算出的最大功率点 P_{max} 与模块列表中最大功率点 P_m 的值相等，采用牛顿-拉夫逊法，通过增加 R_s 值，利用公式(2-11) 计算 R_p 值，并将 R_s 和 R_p 值代入公式(2-8)，使 V 在 $[0，V_{oc}]$ 区间内求出最大功率点 P_{max}，并与 P_m 值相比较，如果满足 $\Delta p = |P_{max} - P_m| < \varepsilon$（$\varepsilon$ 为设定允许误差），即可同时求得 R_s 和 R_p 值，不满足则继续进行迭代运算，直到满足为止。

2.2.3　牛顿-拉夫逊算法求解

（1）牛顿-拉夫逊算法

采用牛顿-拉夫逊算法求解 V-I，是把非线性方程 $f(x) = 0$ 线性化的一种近似方法。将 $f(x)$ 在 x_0 点附近展开泰勒级数：

$$f(x) = f(x_0) + (x-x_0)f'(x_0) + (x-x_0)^2 f''(x_0)/2! + \cdots$$
$$+ (x-x_0)^n f^{(n)}(x_0)/n! + \cdots \tag{2-12}$$

取其线性部分作为 $f(x) = 0$ 的近似方程：

$$f(x) = f(x_0) + (x-x_0)f'(x_0) = 0 \tag{2-13}$$

假设 $f'(x_0) \neq 0$，方程（2-13）的解：

$$x_1 = x_0 - f(x_0)/f'(x_0)$$

重复上述过程，得 $f(x) = 0$ 的 $n+1$ 次近似值，迭代序列：

$$x_{n+1} = x_n - f(x_n)/f'(x_n) \tag{2-14}$$

（2）构建函数

采用牛顿-拉夫逊法需要构建模块 V-I 关系函数：

$$f(I_k) = I_{pv} - I_o \left[\exp\left(\frac{V_k/n + R_s I_k}{V_T}\right) + \exp\left(\frac{V_k/n + R_s I_k}{2V_T}\right) - 2 \right] - \frac{V_k + nR_s I_k}{nR_p} - I_k \tag{2-15}$$

式中，I_k 为第 k 次牛顿迭代电流值；V_k 为对应第 k 次牛顿迭代电压值。

要计算 $f(I_k) = 0$，由式(2-13)可得：

$$I_{k+1} = I_k - f(I_k)/f'(I_k) \tag{2-16}$$

式中，I_{k+1} 为第 $k+1$ 次牛顿迭代后的电流值。

根据 R_s 和 R_p 设定初值，在迭代开始后，使 R_s 值不断增加，同时计算 R_p，直到找到一组匹配点（R_s，R_p），满足最大功率匹配：$P_{max} = P_m$。

（3）R_s 和 R_p 求解过程

求解过程由 MATLAB 软件 m 文件编程完成，流程图如图 2-2 所示。计算 R_s、R_p 步骤如下。

① 选定商家太阳能电池模块，获得产品标定参数：n（模块串联电池数）、V_{oc}、I_{sc}、V_m、I_m、K_v、K_i、P_m。

② 测量环境参数 G、T。

③ 初始值 $R_{s0} = 0$，R_{p0} 由式(2-11)计算。

④ 计算 5 个参数：I_{pv} 由式(2-1)计算，I_{o1}、I_{o2} 由式(2-6)计算，令 $A_1 = 1$、$A_2 = 2$、$p = 3$。

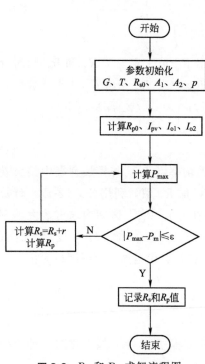

图 2-2 R_s 和 R_p 求解流程图

⑤ 在 $[0, V_{oc}]$ 区间，设置步长 r，采用牛顿-拉夫逊算法求解方程（2-8），计算最大功率点 P_{max}。若 $|P_{max}-P_m|\leqslant\varepsilon$，记录当前 R_s 和 R_p 值；若 $|P_{max}-P_m|>\varepsilon$，继续增加 R_s 值，用式(2-10) 计算 R_p 值，继续求解方程（2-8），直到满足误差要求为止。

2.3　精细化的七参数建模与特性分析

2.3.1　多晶硅材料模块参数计算

采用型号为 KD135GX-LPU 的光伏模块进行精细化七参数建模。在标准测试环境下模块的电气参数如表 2-1 所示。采用 2.2.1 节的参数提取算法对 I_{pv}、I_o、R_s 和 R_p 进行计算。

□ 表 2-1　KD135GX-LPU 模块电气参数

模块参数	数　值
电池结构	36 个电池串联，$n=36$
最大功率 P_m	135W
开路电压 V_{oc}	22.1V
最大功率点电压 V_m	17.7V
短路电流 I_{sc}	8.37A
最大功率点电流 I_m	7.63A
开路电压/温度系数 K_v	-0.08V/℃
短路电流/温度系数 K_i	0.005A/℃

（1）I_{pv} 计算

将 $G=G_s$，$T=T_s$ 代入式(2-1)，可得 $I_{pv}=8.37$A。

（2）I_o 计算

将 $\Delta T=0$，$V_T=kT/q$，$n=36$ 代入式(2-6)：

$$I_o = I_{o1} = I_{o2} = \frac{I_{sc}}{\exp(V_{oc}/V_T/n)-1} = 3.35\times10^{-10}\,\text{A}$$

（3）R_s 和 R_p 计算

用 m 文件编程求解（图 2-2），得到 KD135GX-LPU 模块串联电阻 R_s 与最大功率 P_{max} 的匹配调整曲线，如图 2-3 所示。在 $P_{max}=135$W 处，匹配求得 $R_s=0.21\Omega$，计算 $R_p=51.6\Omega$。由此得到精细化的七参数模型计算出的 KD135GX-LPU 模块电气参数如表 2-2 所示。

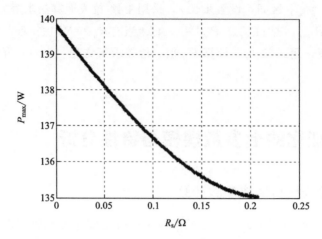

图 2-3 R_s 与 P_{max} 匹配调整曲线图

⊡ **表 2-2** 精细化的七参数模型计算出的 KD135GX-LPU 模块电气参数

模块参数	数　值
电池结构	36 个电池串联，$n=36$
最大功率 P_m	135W
最大功率点电压 V_m	17.7V
最大功率点电流 I_m	7.63A
二极管反向饱和电流 I_o	3.35×10^{-10}A
光生电流 I_{pv}	8.37A
串联电阻 R_s	0.21Ω
并联电阻 R_p	51.6Ω

2.3.2 仿真模型

以光伏模块输出特性公式(2-8)为基础，参照表 2-2 的参数，在 Simulink 环境下建立光伏模块仿真模型，如图 2-4 所示。

建模过程如下。

① 参数 I_{pv}、I_{o1}、I_{o2}、A_1、A_2、R_s、R_p、n、q/k 和 T 采用常数模块输入。

② 输入电压 V 用 Ramp 函数，输出 z 表示电流 I。

③ Add2 模块实现 $V+nR_sI$，Divide 和 Divide1 模块实现 nV_T 和 $2nV_T$，Exp 和 Exp1 完成式(2-6)中 exp 指数运算。

④ Add 模块中 5 个输入分别为 I、$I_{o1}\exp[(V+nR_sI)/nV_T-1]$、$I_{o2}\exp[(V+nR_sI)/2nV_T-1]$、$I_{pv}$、$(V+nR_sI)/nR_p$。

⑤ 输出函数 $f(z)$ 表示为

$$f(z)=I_{pv}-I_o\left[\exp\left(\frac{V+nR_sI}{nV_T}\right)+\exp\left(\frac{V+nR_sI}{2nV_T}\right)-2\right]-\frac{V+nR_sI}{nR_p}-I$$

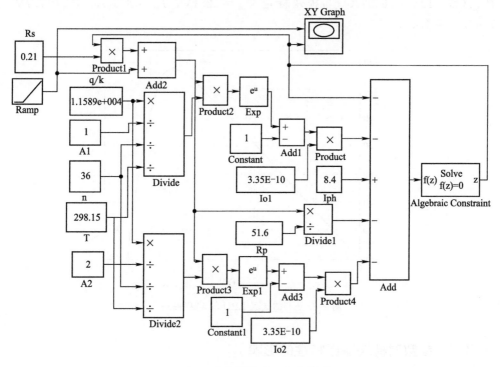

图 2-4　光伏模块 Simulink 模型

V-I 曲线由 XY Graph 示波器显示，采用 m 文件编程在指令窗口显示多条曲线。

在标准环境下，KD135GX-LPU 模块仿真输出 V-I 和 V-P 曲线如图 2-5 和图 2-6 所示。仿真得出 $V_{oc} = 22.1235\text{V}$，$I_{sc} = 8.3715\text{A}$，最大功率点 $P_{max}(V_m, I_m) =$

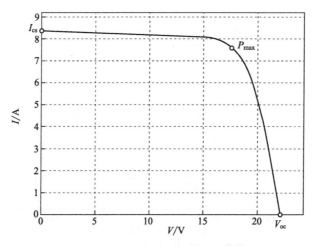

图 2-5　KD135GX-LPU 的 V-I 曲线

$P_{\max}$(17.712V, 7.6337A) 与模块标定 $V_{oc}=22.1$V，$I_{sc}=8.37$A，P_m(17.7V，7.63A) 一致。

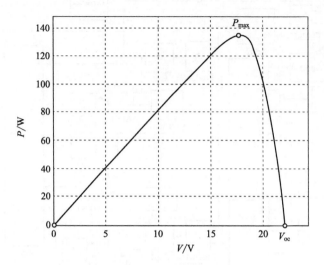

图 2-6 KD135GX-LPU 的 V-P 曲线

2.3.3 参数对模块输出特性的影响

由模块 V-I 特性表达式可知，其输出特性与外界环境参数 T、G 以及内部特性参数 I_{pv}、I_o、R_s 和 R_p 等有关。

（1）光照强度 G

温度 $T=25℃$，照度 G 分别为 1000W/m² 、600W/m² 和 200W/m² 时输出 V-I 和 V-P 曲线如图 2-7 和图 2-8 所示。模块 I_{sc} 与 G 成正比，G 每增加 400W/m²，模

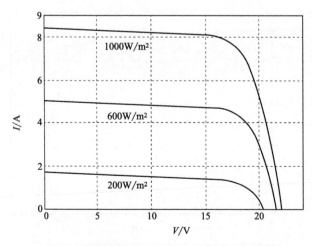

图 2-7 不同照度下 KD135GX-LPU 的 V-I 曲线

块 I_{sc} 相应增加值约为 3A，最大输出功率相应增加约 60W，而 V_{oc} 随 G 变化不明显，但随着 G 增加，V_{oc} 仍呈现增加趋势，且增幅递减。

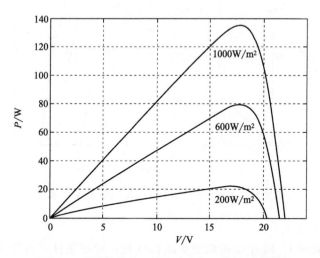

图 2-8　不同照度下 KD135GX-LPU 的 V-P 曲线

（2）温度 T

$G=1000\,\mathrm{W/m^2}$，模块分别在 T 为 5℃、25℃ 和 55℃ 时的 V-I 和 V-P 曲线如图 2-9 和图 2-10 所示。T 变化时，I_{sc} 变化不大，但 V_{oc} 和 P_m 变化显著。T 每降低 20℃，V_{oc} 大约降低 1V，I_{sc} 约增加 0.1A，输出最大功率增加 10W 以上。模块在正常环境温度下输出最大 V_{oc} 不超过 25V，最大功率小于 160W。当 G 一定时，输出 I_{sc} 和 P_m 与 T 成反比，与 V_{oc} 成正比。

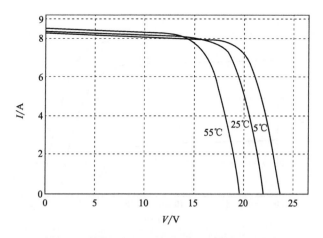

图 2-9　不同温度下 KD135GX-LPU 的 V-I 曲线

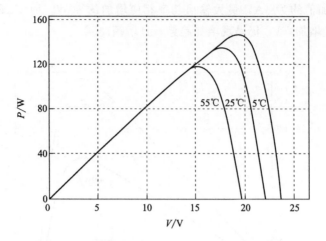

图 2-10　不同温度下 KD135GX-LPU 的 V-P 曲线

（3）光生电流 I_{pv}

式(2-1) 表明 I_{pv} 随着 G 近似地呈线性变化，标准条件下与模块 I_{sc} 近似相等。分别取环境参数为（5℃，1200W/m²）、（25℃，1000W/m²）和（55℃，400W/m²）时，通过式(2-1) 计算得出：

$$I_{pv1}(5℃,1200W/m^2)=10.164A$$
$$I_{pv2}(25℃,1000W/m^2)=8.37A$$
$$I_{pv3}(55℃,400W/m^2)=3.288A$$

当 I_{pv} 分别为 I_{pv1}、I_{pv2} 和 I_{pv3} 时，模块 V-I 和 V-P 曲线如图 2-11 和图 2-12 所示。I_{pv} 对光伏模块输出电流、电压和最大功率影响较大，模块 I_{sc}、V_{oc} 和 P_{m} 随着 I_{pv} 增加而增加。

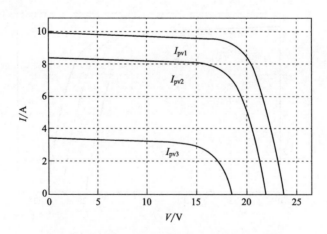

图 2-11　不同 I_{pv} 时 KD135GX-LPU 的 V-I 曲线

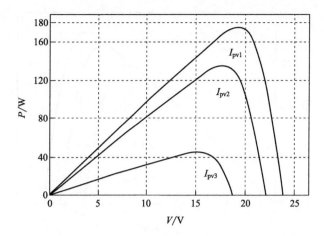

图 2-12　不同 I_{pv} 时 KD135GX-LPU 的 V-P 曲线

（4）反向饱和电流 I_o

分别将 T 为 5℃、25℃ 和 55℃ 代入式(2-6) 可得：

$$I_o（5℃）=9.755\times10^{-12}\,A$$
$$I_o（25℃）=3.3514\times10^{-10}\,A$$
$$I_o（55℃）=3.583\times10^{-8}\,A$$

$G=1000\,W/m^2$ 时，不同 I_o 时模块 V-I 和 V-P 特性曲线如图 2-13 和图 2-14 所示。I_o 大小受 T 影响较大，T 每增加 10℃，I_o 值增加将近 10 倍，V-I 和 V-P 曲线形状与 G 一定、T 变化时的输出特性曲线形状相似，随着 I_o 增加，输出功率呈现增加趋势，而电流有微小减少。

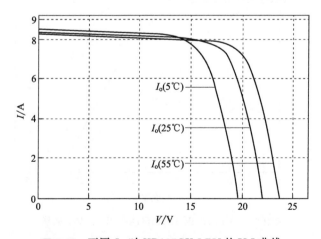

图 2-13　不同 I_o 时 KD135GX-LPU 的 V-I 曲线

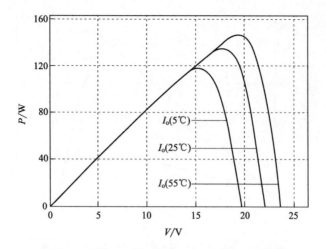

图 2-14 不同 I_o 时 KD135GX-LPU 的 V-P 曲线

（5）串联电阻 R_s

标准环境条件下，R_s 分别为 0.21Ω、1Ω 和 2Ω 时模块 V-I 和 V-P 曲线如图 2-15 和图 2-16 所示。R_s 增大时，I_{sc} 减小。R_s 对输出功率影响较大，但不影响 V_{oc} 值；当 $R_s<0.21\Omega$ 时，输出变化不明显；$R_s>1\Omega$ 后随着 R_s 值增加，输出 I、V 和 P 变化较大。特别在 P_m 附近，功率随着 R_s 增加呈指数减少[17]。实际使用中 R_s 值一般小于 1Ω，较低的 R_s 有利于提高光伏模块最大输出功率和光伏转换效率。

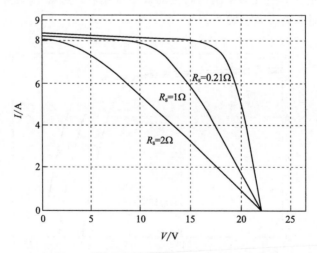

图 2-15 不同 R_s 时 KD135GX-LPU 的 V-I 曲线

（6）并联电阻 R_p

标准条件下，R_p 分别为 5Ω、51.6Ω 和 5000Ω 时，模块 V-I 和 V-P 曲线如图

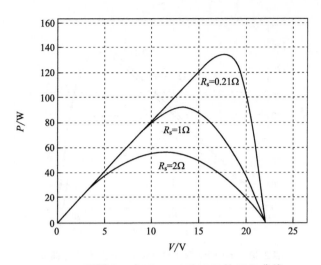

图 2-16 不同 R_s 时 KD135GX-LPU 的 V-P 曲线

2-17 和图 2-18 所示。当 $R_p > 51.6\Omega$ 时，R_p 对 V_{oc} 和 I_{sc} 的影响很小。当 R_p 较小时，会使得 V_{oc} 和 I_{sc} 有较明显的减少，因此普通模块 R_p 值都是几百欧姆到几千欧姆。

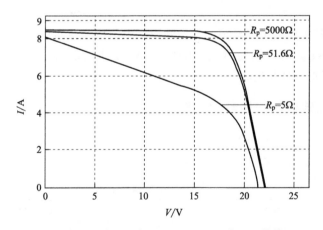

图 2-17 不同 R_p 时 KD135GX-LPU 的 V-I 曲线

以上分析可见，R_s 和 R_p 对模块输出特性有着重要影响，一些忽略了 R_s 或者 R_p 的光伏电池模型在理论上会影响模块功率精细化输出，并且 R_s 和 R_p 对填充因子（Filling Factor，FF，定义为最大输出功率 P_m 与 $I_{cs}V_{oc}$ 之比）的影响比较大。R_s 越高，填充电流下降越多，FF 减少越多；相应 R_p 越小，填充电流下降也越多，FF 减少越多。因此，R_s 计算值通常比较小，R_p 值比较大，R_s 越小，R_p 越大，FF 就越大，V-I 特性曲线越接近正方形，太阳能转换效率越高。

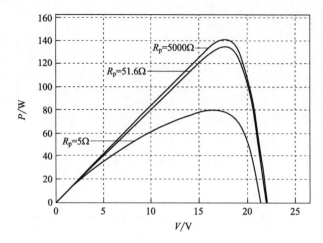

图 2-18　不同 R_p 时 KD135GX-LPU 的 V-P 曲线

2.4　单晶硅和多晶硅模块对比试验

为了验证精细化的七参数模型在实际应用中的精确性和普遍性，采用不同材料的光伏模块进行仿真和实验对比，KD135GX-LPU 模块属于多晶硅材料，Shell-SP70 模块属于单晶硅材料。

2.4.1　单晶硅材料模块参数计算

Shell-SP70 模块电气参数如表 2-3 所示。利用精细化的七参数模型计算出的 Shell-SP70 模块电气参数如表 2-4 所示。

⊡ 表 2-3　Shell-SP70 模块电气参数

模块参数	数　值
电池结构	36 个电池串联，$n=36$
最大功率 P_m	70W
开路电压 V_{oc}	21.4V
最大功率点电压 V_m	16.5V
短路电流 I_{sc}	4.7A
最大功率点电流 I_m	4.25A
开路电压/温度系数 K_v	-0.076V/℃
短路电流/温度系数 K_i	0.002A/℃

⊡ 表 2-4　精细化的七参数模型计算出的 **Shell-SP70** 模块电气参数

模块参数	数　　值
电池结构	36 个电池串联，$n = 36$
最大功率 P_m	70W
最大功率点电压 V_m	16.5V
最大功率点电流 I_m	4.25A
二极管反向饱和电流 I_o	4.2×10^{-10}A
光生电流 I_{pv}	4.73A
串联电阻 R_s	0.516Ω
并联电阻 R_p	82Ω

标准环境下，仿真 Shell-SP70 模块 V-I 和 V-P 曲线如图 2-19 和图 2-20 所示。精细化的七参数模型在三个显著点即 P_{max}（16.522V，4.253A）、$V_{oc} = 21.41$V、$I_{sc} = 4.71$A 的值与模块给定参数值精确匹配。

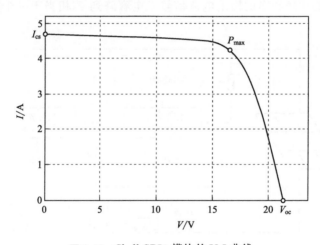

图 2-19　Shell-SP70 模块的 V-I 曲线

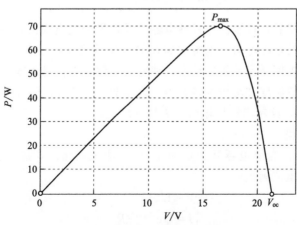

图 2-20　Shell-SP70 模块的 V-P 曲线

2.4.2 实验电路

光伏模块输出特性测试基本原理：通过改变连接模块输出端负载值的大小，获得电路输出 I 与 V，对外界不同 T 和 G 下的输出数据进行采集、分析和处理得到模块多条输出特性曲线[18,19]。

（1）硬件电路

实验电路框图如图 2-21 所示。由控制信号控制的继电器开关可接入信号采集回路和放电回路。电压信号采集部分采用电阻分压方式，R_1 和 R_2 是大阻值、高精度的分压电阻，分压比例根据光伏模块输出电压值的大小确定，经过信号处理和保护电路之后，得到光伏模块输出电压。R_1 和 R_2 与光伏模块并联，保护电路可将电压钳位到一定范围内，防止损坏采集模块。电流信号采集电路采用小阻值、大功率、高精度的绕线电阻 R_3 进行电流取样，电流流过 R_3 时产生压降，经过放大和滤波后，得到比较纯净的输出电流信号。电容阵列 C 相当于一个阻抗连续增加的负载。

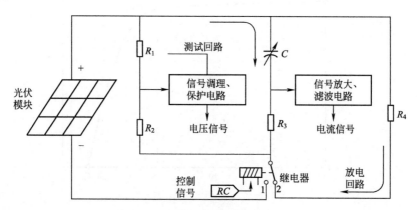

图 2-21　实验电路框图

数据采集完毕后，控制信号将继电器开关切换到放电回路，放电电阻 R_4 采用低阻值、大功率的水泥电阻，电容中储存的电荷迅速释放至 R_4。在电路没有进行信号采集时，放电回路保持接通状态，使电容中储存电荷量为零。

在电路中设置温度和辐照度传感器，在采集 I 与 V 信号的同时采集 T 和 G 信号，改变 T 和 G，绘制出模块输出 V-I 特性曲线。

（2）工作过程

① 测试阶段。当继电器开关切换至"1"测试回路时，进入负载电容充电阶段。电容电压和电流满足：

$$\begin{cases} V=U(1-e^{-t/\tau}) \\ I=Ue^{-t/\tau}/R \end{cases} \tag{2-17}$$

式中，U 为电源输出电压；$\tau=RC$ 为时间常数；R 表示与电容串联的电阻，这里指光伏模块的串联电阻。

根据式(2-17)，可得到电容阻抗与充电时间的关系：

$$Z_C = V/I = R(e^{t/\tau} - 1) \tag{2-18}$$

电容充电过程中，I、V 和 Z_C 随时间变化的曲线如图 2-22 所示。电容充电时，可变电容负载相当于一个阻抗连续增加的负载[20]。当电容开始充电的瞬间，$Z_C = 0$；继续充电，Z_C 呈指数增长；当电容接近充满电时，电容阻抗非常大；当充电时间 $t \to \infty$ 时，电容阻抗 $Z_C \to \infty$。当光伏模块输出电压较大时，电容充电较快。为了完全反映实际输出特性，需要采集到更多有效值，以获得波形细节，这里将多个电容并联组成负载电容阵列来提高电容值，延长充电时间。不同光伏模块输出特性不同，电容充电时间也不同，具体采集点数可通过 Z_C 实时计算来确定。

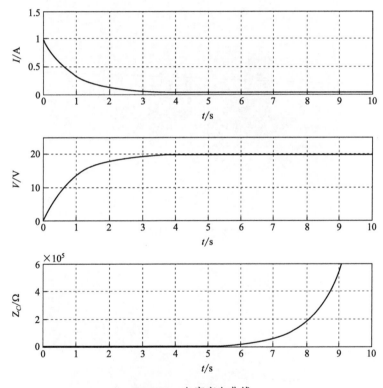

图 2-22　电容充电曲线

通过实时计算负载阻抗变化率来控制负载变化步长，光伏模块输出 I、V 也不断变化。通过数据采集模块连续采集 I、V，每采集一组 I、V，计算一次电容等效阻抗。在实际应用中，Z_C 不可能无限大，需要设定一个阻抗值，当计算阻抗值超过设定值时，停止数据采集，开始启动放电回路。对数据进行分析与处理，可绘制出不同环境下光伏模块输出的 V-I 和 V-P 特性曲线[21,22]。该方法可以根据光伏模

块 I、V 和 Z_C 的大小，自适应调节采集时间，以获得最佳采集点数和波形细节。

② 放电阶段。当控制信号控制继电器开关接入"2"放电回路时，信号采集阶段结束，电容进入放电阶段。使之前充电阶段电容阵列中存储的电荷通过放电回路的放电电阻 R_4 迅速释放电荷，确保下次采集时负载电容阵列处于零电荷状态。

（3）实验测试

实验中分别采用型号为 KD135GX-LPU 和 Shell-SP70 的光伏模块进行现场数据采集，绘制出不同 T 和 G 下的输出特性曲线，并与两个模块的七参数模型、五参数模型和四参数模型的 MATLAB/Simulink 仿真输出特性曲线进行对比。实验现场测试、计算机数据处理分析和数据采集电路如图 2-23～图 2-25 所示。

图 2-23 现场测试

图 2-24 计算机数据处理分析

图 2-25 数据采集电路

2.4.3 多晶硅模块实验

（1）温度不变，照度变化

环境温度为 27℃，照度分别为 $210\mathrm{W/m^2}$、$500\mathrm{W/m^2}$、$750\mathrm{W/m^2}$、$1000\mathrm{W/m^2}$ 时，对 KD135GX-LPU 模块的测量数据进行处理，绘制模块仿真和实验数据对比输出 V-I 和 V-P 曲线如图 2-26 和图 2-27 所示。不同照度下处理后的实验测量 I、U 的值如表 2-5 所示。

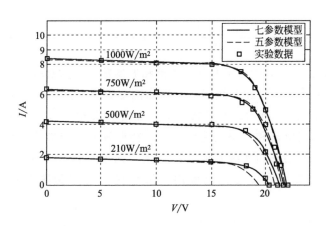

图 2-26 不同照度时 KD135GX-LPU 仿真和实验数据对比 V-I 曲线

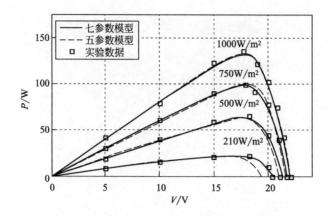

图 2-27 不同照度时 KD135GX-LPU 仿真和实验数据对比 *V-P* 曲线

⊡ **表 2-5** 不同照度时 **KD135GX-LPU** 模块 *I* 和 *U* 的值

210W/m²		500W/m²		750W/m²		1000W/m²	
U/V	I/A	U/V	I/A	U/V	I/A	U/V	I/A
0.0000	1.7976	0.0000	4.1520	0.0000	6.3791	0.0000	8.3516
5.0000	1.7021	5.0000	4.1838	5.0000	6.1882	5.0000	8.3198
10.0000	1.6067	10.0000	4.0565	10.0000	6.1880	10.0000	8.1289
15.0000	1.4794	15.0000	3.9929	15.0000	5.9336	15.0000	8.0017
18.3010	1.2249	18.1670	3.6111	17.8712	5.4564	17.7345	7.5562
20.0000	0.4159	20.0000	2.1294	18.8110	5.0012	19.0000	6.4564
20.3804	0.0000	21.1611	0.0000	20.0000	4.0247	20.0000	5.0020
—	—	—	—	21.0121	1.3522	20.8865	2.4975
—	—	—	—	21.700	0.0000	21.4841	1.2885
—	—	—	—	—	—	22.1000	0.0000

注："—"表示数据为空，以下各表相同。

图 2-26 和图 2-27 只画出了七参数模型和五参数模型仿真输出与实验数据的对比曲线，为了更清楚地描述曲线形状，添加四参数模型的仿真输出 *V-I* 和 *V-P* 曲线如图 2-28 和图 2-29 所示。五参数模型在照度较大时，与实际输出接近，但随着照度降低，输出电流和功率误差较大，暗特性较差。四参数模型几乎在所有照度下，输出电流和功率与实际测量数据相比，误差都较大，模型整体精度较差。而七参数模型在整个照度变化范围内，仿真输出与实验数据几乎吻合，精度最高。

（2）误差分析

由图 2-26～图 2-29 可见，不同照度下，KD135GX-LPU 模块的实验数据与七参数模型、五参数模型和四参数模型仿真值之间存在误差，实验测得开路电压 V_{oc}

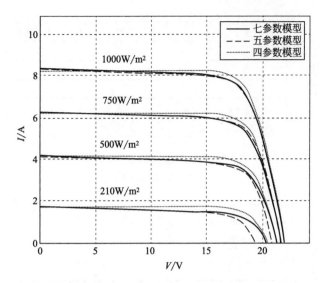

图 2-28　不同照度时 KD135GX-LPU 不同参数模型的仿真 $V\text{-}I$ 曲线

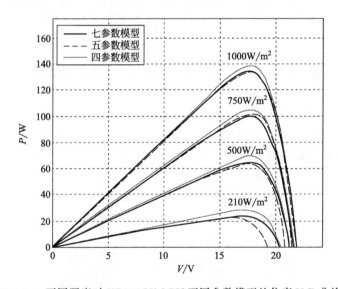

图 2-29　不同照度时 KD135GX-LPU 不同参数模型的仿真 $V\text{-}P$ 曲线

和最大功率 P_m 值与仿真值之间相对误差对比的柱状图如图 2-30 所示。

在 $G=1000\text{W/m}^2$ 时，三种模型 V_{oc} 差值很小，随着照度降低，五参数模型计算值与测量值之间存在较大误差，在 $G=210\text{W/m}^2$ 时，V_{oc} 相对误差达到了 2.5%。四参数模型在任何照度下都具有较大的最大功率相对误差，随着照度降低，误差略有增加，最大值超过 5%。而七参数模型在任何照度下，V_{oc} 和 P_m 误差都很小，特别是在照度较低的情况下，仍具有精确的仿真结果。

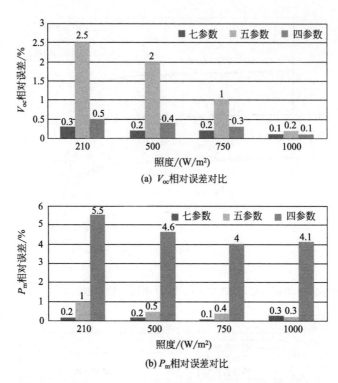

(a) V_{oc}相对误差对比

(b) P_m相对误差对比

图 2-30 KD135GX-LPU 实验数据与三种模型相对误差对比

（3）照度不变，温度变化

照度为 1000W/m²，温度分别为 15℃、26℃、50℃、65℃时，对测量数据处理后，绘制模块实验数据和仿真输出 V-I 和 V-P 曲线如图 2-31 和图 2-32 所示。处理后不同温度下模块实验测量 I、U 的值如表 2-6 所示。

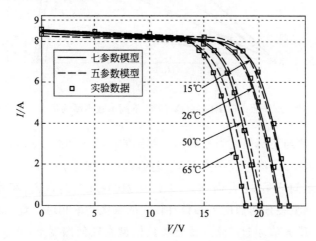

图 2-31 不同温度时 KD135GX-LPU 仿真和实验数据对比 V-I 曲线

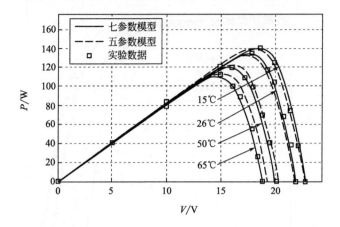

图 2-32 不同温度时 KD135GX-LPU 仿真和实验数据对比 *V-P* 曲线

⊡ **表 2-6** 不同温度时 KD135GX-LPU 模块 *I* 和 *U* 的值

15℃		26℃		50℃		65℃	
U/V	*I*/A	*U*/V	*I*/A	*U*/V	*I*/A	*U*/V	*I*/A
0.0000	8.5205	0.0000	8.5205	0.0000	8.3590	0.0000	8.5474
5.0000	8.3859	5.0000	8.5205	5.0000	8.3590	5.0000	8.5474
10.0000	8.3590	10.0000	8.4128	10.0000	8.3590	10.0000	8.4936
14.5916	7.5398	15.0000	7.9013	15.0000	8.0359	15.0000	8.1436
15.0000	7.3245	16.0239	7.5783	17.8724	7.5129	18.6246	7.5783
16.0480	6.4476	17.2243	6.4476	19.2968	6.2322	20.0000	6.5014
16.8322	5.3708	21.1611	5.5054	20.0	5.0477	21.4813	4.0054
17.8964	2.3286	18.7926	3.6747	20.9212	3.1901	22.1535	2.2748
18.5126	0.9556	19.4648	1.9518	21.5373	1.8979	22.8256	0.0000
18.9047	0.0000	20.1930	0.0000	21.9854	0.0000	—	—

对模块七参数、五参数和四参数模型进行仿真，绘制对比仿真输出 *V-I* 和 *V-P* 曲线如图 2-33 和图 2-34 所示。由图 2-31～图 2-34 可知，七参数模型与所有温度下实验数据精确匹配。随着温度升高，五参数模型与实验数据偏差逐渐增大，特别是在温度较高如 65℃ 时，仿真与测量值偏差较大。而四参数模型在整个温度区间的仿真数据与实验数据的误差都比较大，特别在最大功率点附近与实验数据误差明显。

（4）误差分析

在各温度下实验测得开路电压 V_{oc} 和最大功率 P_m 值与仿真数据值之间相对误差的柱状图如图 2-35 所示。

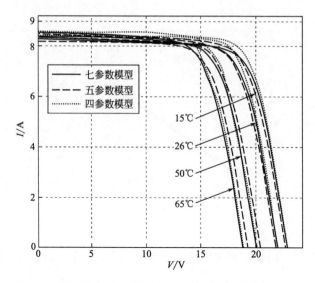

图 2-33 不同温度时 KD135GX-LPU 不同参数模型的仿真 $V\text{-}I$ 曲线

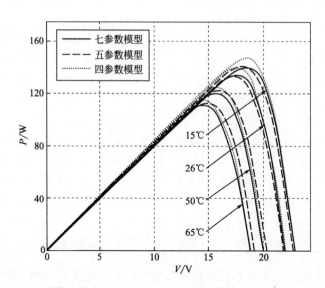

图 2-34 不同温度时 KD135GX-LPU 不同参数模型的仿真 $V\text{-}P$ 曲线

图 2-35 表明七参数模型在整个温度变化范围内，V_{oc} 和 P_m 仿真与实验数据误差最小，均小于 0.5%；五参数模型在温度较高时，V_{oc} 仿真与测量值误差都比较大，超过了 2%，随着温度降低，V_{oc} 误差呈现减小趋势；四参数模型 V_{oc} 误差与七参数模型误差相近，但是 P_m 误差非常明显，随着温度升高，P_m 相对误差逐渐增大，最大值超过了 5%，而五参数模型 P_m 相对误差在整个温度区间变化不大。综合两个误差指标，七参数模型的仿真精确度远远高于四参数模型和五参数模型，特别是在温度较高情况下仍能得到精确的仿真值。

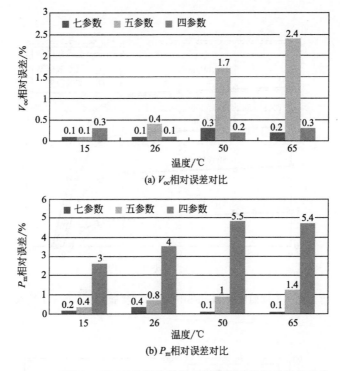

图 2-35 KD135GX-LPU 实验数据与三种模型的相对误差对比

2.4.4 单晶硅模块实验

（1）温度不变，照度变化

在同样实验条件下，单晶硅材料 Shell-SP70 模块在 T 不变、G 变化时进行实验，测量数据处理后 I、U 的值如表 2-7 所示，绘制模块仿真输出和实验数据 V-I 和 V-P 曲线以及不同参数模型的仿真对比如图 2-36～图 2-39 所示。

▢ **表 2-7** 不同照度时 Shell-SP70 模块 I 和 U 的值

210W/m²		500W/m²		750W/m²		1000W/m²	
U/V	I/A	U/V	I/A	U/V	I/A	U/V	I/A
0.0000	1.0094	0.0000	2.3493	0.0000	3.5642	0.0000	4.7612
5.0000	0.9737	5.0000	2.2600	5.0000	3.4212	5.0000	4.6897
10.0000	0.9201	10.0000	2.1885	10.0000	3.4212	10.0000	4.6897
15.0000	0.7950	15.0000	2.1885	15.0000	3.2605	15.0000	4.4753
17.3282	0.6521	17.1203	1.9741	16.9645	3.1533	16.4968	4.1180
18.6271	0.5092	19.1467	1.3454	18.9908	2.2245	18.7310	3.2391
19.5104	0.0000	20.0000	0.7057	20.0000	1.0700	19.7702	1.9920
—	—	20.7100	0.0000	20.9133	0.0000	20.0000	1.5451
—	—	—	—	—	—	21.0172	0.0089
—	—	—	—	—	—	21.3290	0.0000

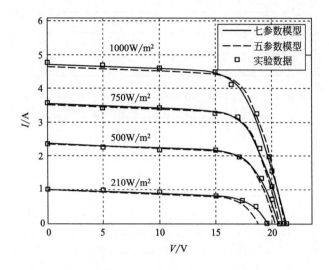

图 2-36 不同照度时 Shell-SP70 仿真和实验数据对比 V-I 曲线

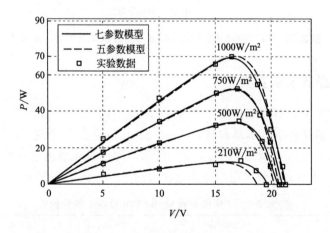

图 2-37 不同照度时 Shell-SP70 仿真和实验数据对比 V-P 曲线

各照度下实验测得 V_{oc} 和 P_m 值与仿真数据值之间相对误差柱状图如图 2-40 所示。Shell-SP70 模块 V_{oc} 和 P_m 实验数据与仿真数据相对误差与 KD135GX-LPU 模块呈现出几乎相同的变化趋势。不同的是，单晶硅 Shell-SP7 四参数模型在照度增加时，P_m 相对误差较大，并略有增加趋势，而多晶硅 KD135GX-LPU 的误差略微减少。七参数模型均有很高的精度，且低于 0.5%。

（2）照度不变，温度变化

同样实验条件下，Shell-SP70 模块在 G 不变，T 变化时进行测量，对实验数

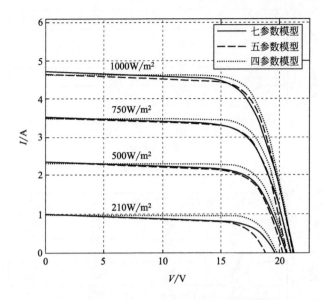

图 2-38 不同照度时 Shell-SP70 不同参数模型的仿真 V-I 曲线

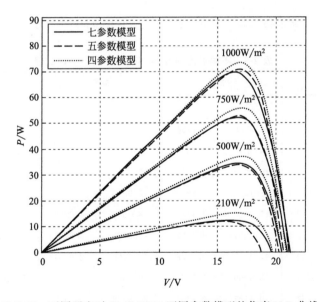

图 2-39 不同照度时 Shell-SP70 不同参数模型的仿真 V-P 曲线

据进行处理后 I、U 的值如表 2-8 所示，实验数据和仿真输出 V-I 和 V-P 曲线以及不同参数模型的仿真对比如图 2-41～图 2-44 所示。

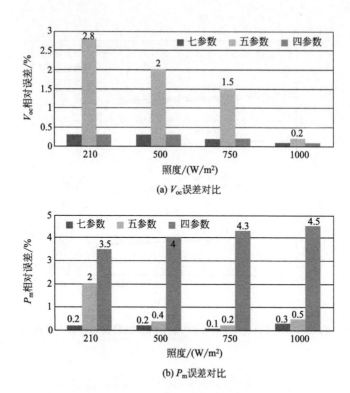

(a) V_{oc}误差对比

(b) P_m误差对比

图 2-40 Shell-SP70 实验数据与三种模型相对误差对比

⊡ **表 2-8** 不同温度时 Shell-SP70 模块 I 和 U 的值

15℃		26℃		50℃		65℃	
U/V	I/A	U/V	I/A	U/V	I/A	U/V	I/A
0.0000	4.7681	0.0000	4.7254	0.0000	4.7433	0.0000	4.7612
5.0000	4.7969	5.0000	4.7076	5.0000	4.7076	5.0000	4.6897
10.0000	4.6718	10.0000	4.5646	10.0000	4.6540	10.0000	4.5825
12.7615	4.4038	13.7287	4.3945	15.0000	4.4217	15.0000	4.5468
13.9436	4.1180	15.0000	4.1180	16.0000	4.2252	17.3288	4.1895
15.0000	3.5463	16.2004	3.4927	18.2960	3.2962	19.0482	3.3498
16.0929	2.7424	17.4363	2.5458	19.0000	2.5101	20.2304	2.4208
16.7377	2.0451	18.3059	1.7062	20.0000	1.6704	20.9826	1.3846
17.5975	1.0451	19.1737	0.5491	20.5528	0.9915	21.4662	0.7414
18.4144	0.00	19.6076	0.0000	21.1976	0.0000	22.0573	0.0000

在各温度下实验测得 V_{oc} 和 P_m 值与仿真数据之间相对误差的柱状图如图 2-45 所示。Shell-SP70 模块 V_{oc} 和 P_m 实验数据与仿真数据相对误差与 KD135GX-LPU

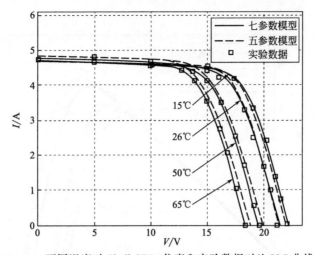

图 2-41 不同温度时 Shell-SP70 仿真和实验数据对比 *V-I* 曲线

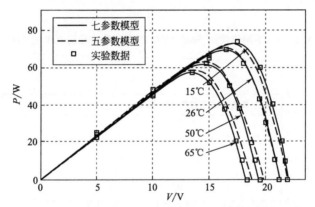

图 2-42 不同温度时 Shell-SP70 仿真和实验数据对比 *V-P* 曲线

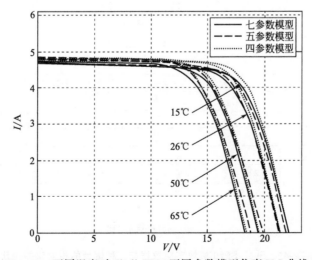

图 2-43 不同温度时 Shell-SP70 不同参数模型仿真 *V-I* 曲线

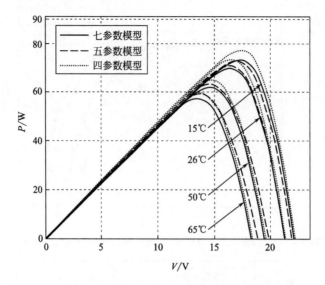

图 2-44 不同温度时 Shell-SP70 不同参数模型仿真 $V\text{-}P$ 曲线

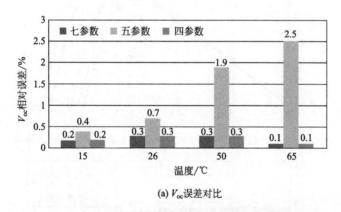

(a) V_{oc} 误差对比

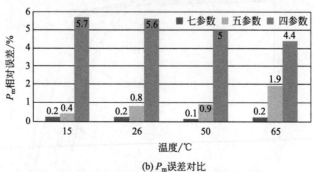

(b) P_m 误差对比

图 2-45 Shell-SP70 模块实验数据与三种模型的相对误差对比

模块呈现出几乎相同的变化趋势。不同的是，Shell-SP7 模块四参数模型在温度增加时，P_m 相对误差远大于七参数模型和五参数模型，而五参数模型 V_{oc} 相对误差大于四参数模型和五参数模型，而七参数模型特别是对于高温或者低照度条件下始终保持很高的精度，且低于 0.5%。

2.4.5 模型仿真计算时间对比

衡量仿真模型指标除了仿真精度，还有仿真时间。七参数模型、五参数模型和四参数模型在进行仿真时，计算时间存在较大差异。表 2-9 是模块 KD135GX-LPU 和模块 Shell-SP70 的三种不同模型计算时间对比表。四参数模型计算用时最短，这是因为该模型计算方法不需要迭代，七参数模型由于在输出特性表达式中比五参数模型多了一个指数函数，使计算时间增加，相当于五参数模型的 1.9 倍（KD135GX-LPU）和 1.4 倍（Shell-SP70），但在数值上还远远小于 1 个数量级，可以认为在允许接受的范围内。之所以认为七参数模型计算时间相对较短，主要是由于基于精细化的七参数模型要计算的参数比 2 个二极管模型参数数量少，并且经过 R_s 和 R_p 迭代算法的改进，迭代次数减少，考虑模型计算精度和速度之间的平衡，该模型大幅度地提高了低照度和高温度条件下输出功率的仿真精度，计算时间略有增加也在合理范围内。

⊡ **表 2-9 KD135GX-LPU 和 Shell-SP70 模块计算时间表**

模块类型	七参数模型	五参数模型	四参数模型
	计算时间/ms		
KD135GX-LPU	230.7	120.3	9.2
Shell-SP70	257.8	174.6	10.1

2.5 本章小结

本章以光伏电池模型为研究对象，解决了光伏模块七参数模型在使用中无法利用厂商提供参数直接求解的问题。通过利用最大功率点匹配方法和牛顿-拉夫逊算法对模型参数进行提取，求解了 R_s 和 R_p 值，并对 I_{pv}、I_o 等参数进行了优化，使电池模型参数与模块给定参数相匹配，建立了光伏模块面向精细化功率输出的七参数模型，设计了实验数据采集系统来完成不同环境条件下光伏模块输出实验数据的采集，并绘制输出特性曲线和各参数模型仿真曲线进行对比分析。实验结果表明七参数模型能精细地仿真出光伏模块在全天候条件下，特别是高温和无光照或者光照很暗情况下的功率输出，表现出很高的精度和较高的运算速度。

参考文献

［1］ 苏建徽，余世杰，赵为. 硅太阳电池工程用数学模型［J］. 太阳能学报，2001，22（4）：409-412.

［2］ Wang Y J，Hsu P C. Analytical modelling of partial shading and different orientation of photovoltaic modules［J］. IET Renewable Power Generation，2010，4（3）：272-282.

［3］ Zagrouba M，Sellami A，Bouaicha M，et al. Identification of PV solar cells and modules parameters using the genetic-algorithms：application to maximum power extraction［J］. Solar Energy，2010，84（5）：860-866.

［4］ Li Y，Huang W，Huang H，et al. Evaluation of methods to extract parameters from current-voltage charateristics of solar cells［J］. Solar Energy，2013，90：51-57.

［5］ Wolf P，Benda V. Identification of PV solar cells and modules parameters by combining statistical and analytical methods［J］. Solar Energy，2013，93：151-157.

［6］ Virtuani A，Lotter E，Powalla M. Performance of Cu（In，Ga）Se2 solar cells under low irradiance［J］. Thin Solid Films，2003，431/432：443-447.

［7］ Schroder D K. Semiconductor material and device characterization［M］. Hoboken，United States：John Wiley & Sons，2006.

［8］ Jiang Y C，Qahouq J A，Orabi M. Matlab/ Pspice hybrid simulation modeling of solar PV cell/module［C］//26th Annual IEEE Applied Power Electronics Conference and Exposition，2011. Fort Worth，TX，USA：IEEE，2011：1244-1250.

［9］ Celik N，Acikgoz N. Modelling and experimental verification of the operating current of mono-crystalline photovoltaic modules using four-andfive-parameter models［J］，Appl. Energy，2007，84（1）：1-15.

［10］ Villalva M G，Gazoli J R，Filho E R. Comprehensive approach to modeling and simulation of photovoltaic arrays［J］. IEEE Transaction Power Electron，2009，24（5）：1198-1208.

［11］ Mahmoud Y，Xiao W，Zeineldin H H. A parameterization approach for enhancing PV model accuracy［J］. IEEE Trans. on Industrial Electronics，2013，60（12）：5708-5716.

［12］ Chen C，Chen P，Chiang W. Stabilization of adaptive neural network controllers for nonlinear structural systems using a singular perturbation approach［J］. Journal of Vibration and Control，2011，17（8）：1241-1252.

［13］ Siddiqui M U，Abido M. Parameter estimation for five-and seven-parameter photovoltaic electrical moels using evolutionary algorithms［J］. Applied Soft Computing，2013，13（12）：4608-4621.

［14］ Gow J A，Manning C D. Development of a model for photovoltaic arrays suitable for use in simulation studies of solar energy conversion systems［C］//Proceedings of 6th International Conference on Power Electronics and Variable Speed Drives，1996. Nottingham，UK，1996：69-74.

［15］ Tao Q，Wu Z J，Cheng J Z，et al. Modeling and simulation of microgrid containing photovoltaic array and fuel cell［J］. Automation of Electric Power Systems，2010，34（1）：89-93.

［16］ DeSoto W，Klein S A，Beckman W A. Improvement and validation of a model for photovoltaic array performance［J］. Solar Energy，2006，80（1）：78-88.

［17］ 魏晋云. 太阳能电池效率与串联内阻的近似指数关系［J］. 太阳能学报，2004，25（3）：356-358.

［18］ Willoughby A A，Ornotosho T V，Aizebeokhai A P. A simple resistive load I-V curve tracer for monitoring photo-voltaic module characteristics［C］//International Renewable Energy Congress，

2014. Hammamet，TUNISIA，2014：1-6.

[19] 胡良，魏学业，张俊红. 光伏电池输出特性曲线测试与实验 [J]. 北京交通大学学报，2015，39（2）：122-127.

[20] Spertino F，Sumaili J，Andrei H，et al. PV Module Parameter Characterization From the Transient Charge of an External Capacitor [J]. IEEE Journal of Photovoltaics，2013，3（4）：1325-1333.

[21] Ghani F，Rosengarten G，Duke M，et al. Numerical calculation of single-diode solar-cell modelling parameters [J]. Renewable Energy，2014，72：105-112.

[22] Seapan M，Manit C，Chayavanich T. Effects of dynamic parameters on measurements of IV curve [C]//33rd IEEE Photovoltaic Specialists Conference，2008. San Diego，USA：IEEE，2008：1-3.

第3章

基于工作状态分析法的光伏
阵列建模和输出特性研究

3.1 概述

目前，光伏阵列建模研究主要针对阵列输出特性曲线进行分析，文献［1］较全面地描述了阵列输出特性，但没有从理论上建立反映输出特性的固定模型和给出前瞻性分析与预测。文献［2］研究了光伏阵列在不同遮光条件下的电参数分布特征，通过引入电参数理论计算方法来判断阴影模块数量，但是对阵列采用了近似描述方式，不能描述特殊环境下阵列的精细输出。文献［3］基于光伏阵列工程模型，建立了局部阴影条件下的光伏阵列分段模型。由于工程模型本身精度不高，研究分段函数没有细化到与光照联系起来。文献［4］提出一种根据模块实测 I-U 数据利用线性插值拟合得到光伏阵列输出特性曲线的方法。文献［5］建立了光伏阵列隐式互补问题模型，提出了基于效用函数的光伏阵列 I-U 特性求解算法，但没有考虑复杂光照下的输出。因此，在保证精度的前提下，建立各种光照环境下不同拓扑结构的光伏阵列数学模型是精确描述输出特性的基础。

在复杂光照环境下，组成阵列各模块的输出电流和电压不同，由于串联模块旁路二极管和并联模块阻塞二极管的存在，使电路电流或电压在不同照度下的取值区间不同，阵列工作在不同状态，V-I 特性方程也不尽相同。因此在第 2 章所建立的精细化的七参数模型的基础上，提出了基于工作状态分析法的光伏阵列多区间建模法。把光伏阵列作为研究对象，光伏模块作为分析单元，将模块等效电路模型和数学模型相结合，以输出电流特性方程为基础，对光伏阵列不同工状态进行分析，采用分段函数法建立光伏阵列的 V-I 数学模型。

3.2 串联阵列多区间电流分析法

由 N_s 个模块组成的串联阵列结构图如图 3-1 所示。各个模块光照强度分别为 G_1、G_2、$\cdots$、G_{Ns}，且 $G_1>G_2>\cdots>G_{Ns}$。模块并联有旁路二极管，防止多照度下模块产生热斑效应。模块串联有阻塞二极管，防止多照度下出现模块电流回流现象，保证阵列在任何光照环境下都能够正常工作。串联阵列等效电路图如图 3-2 所示。各个模块光生电流分别为 I_{pv1}、I_{pv2}、$\cdots$、I_{pvNs}，输出电压分别为 V_1、V_2、$\cdots$、V_{Ns}，整个阵列电流和电压分别为 I_s 和 V_s。

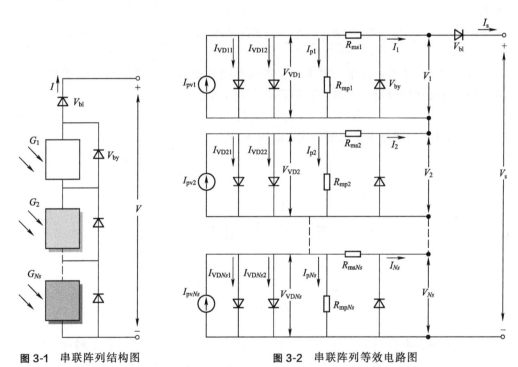

图 3-1 串联阵列结构图   图 3-2 串联阵列等效电路图

3.2.1 单一照度下串联阵列建模

串联阵列处于单一照度下，各模块产生相同的光生电流和输出功率。旁路二极管处于截止状态。根据图 3-2 分析可知，各模块电流和阵列电流相等，各模块输出电压相等，阵列输出电压等于各个模块电压之和。

$$\begin{cases} I_s=I_1=I_2=\cdots=I_{Ns} \\ V_s/N_s=V_1=V_2=\cdots=V_{Ns} \end{cases} \tag{3-1}$$

将式(3-1) 代入模块特性表达式(2-8) 可得到串联阵列 V-I 特性方程：

$$I_s = I_{pv} - I_o \left[\exp\left(\frac{V_s/Ns + NsR_{ms}I_s}{V_{mT}}\right) + \exp\left(\frac{V_s/Ns + NsR_{ms}I}{2V_{mT}}\right) - 2 \right] - \frac{V_s/Ns + NsR_{ms}I_s}{NsR_{mp}} \quad (3\text{-}2)$$

阵列串联电阻 R_{ass} 和并联电阻 R_{asp} 表示如下：

$$\begin{cases} R_{ass} = NsR_{ms} \\ R_{asp} = NsR_{mp} \end{cases} \quad (3\text{-}3)$$

串联阵列各模块光生电流 I_{pvs}、二极管饱和电流 I_{ds} 与模块参数相等，二极管饱和电压 V_{ds} 是模块的 Ns 倍，串联阵列等效电路模型如图 3-3 所示，输出电流 I_s：

$$I_s = I_{pvs} - I_o \left[\exp\left(\frac{V_s + R_{ass}I_s}{NsV_{mT}}\right) + \exp\left(\frac{V_s + R_{ass}I_s}{2NsV_{mT}}\right) - 2 \right] - \frac{V_s + R_{ass}I_s}{R_{asp}} \quad (3\text{-}4)$$

由式(3-4) 可知，在单一照度下，串联阵列输出特性与模块输出特性保持一致，整个电压区间只有一个最大功率点 $P_m(I_m, V_m)$。并且满足：

$$I_m \approx C_I I_{sc} \quad (3\text{-}5)$$

式中，C_I 为短路电流比例系数，取值 $0 < C_I < 1$。

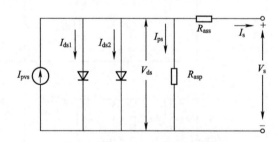

图 3-3 串联阵列等效电路模型

由模块输出特性可知，当 $I \in [0, I_m]$ 时，功率函数递增，随着 I 增加，输出 P 增加；当 $I \in [I_m, I_{sc}]$，随着 I 增加，功率函数递减，在整个 I 区间有唯一的最大功率点，数值上等于模块最大功率值的 Ns 倍，阵列 I 和 V 满足：

$$\begin{cases} I = I_i \\ V = NsV_i \end{cases} \quad (3\text{-}6)$$

式中，I_i、V_i 为任意一个模块的输出电流和电压。

3.2.2 多照度下 3 模块串联阵列建模

多照度下，各个模块产生不同的 I_{pv} 和 V，部分旁路二极管导通，使阵列输出特性呈现出复杂性。依据串联电路电流相等的原理，采用电流分析法，将模块根据所接受的照度水平划分为不同的电流区间，每个区间以 I_{sc} 为界，将多照度转换为在每个电流区间上单一照度的模块进行分析，既简化了分析对象又能从理论上解决多照度水平阵列划分区间的难题。

假设图 3-1 中 3 个模块分别接受的照度为 G_1、G_2 和 G_3，分别称作 G_1 模块、G_2 模块和 G_3 模块，照度值 $G_1 > G_2 > G_3$，光生电流 $I_{pv1} > I_{pv2} > I_{pv3}$，短路电流 $I_{sc1} > I_{sc2} > I_{sc3}$，输出电压为 V_1、V_2 和 V_3。

（1）3 个模块同时对外输出功率

当阵列输出电流 $I \in [0, I_{sc3}]$ 时，G_3 模块 I_{pv3} 足以对外输出功率，各个模块旁路二极管截止。3 个模块共同对外输出功率，输出电压为 3 个模块和阻塞二极管的电压 V_{bl} 之和。

$$\begin{cases} I_s = I_1 = I_2 = I_3 \\ V_s = V_1 + V_2 + V_3 + V_{bl} \end{cases} \tag{3-7}$$

$$V_{bl} = \frac{AKT}{q} / \ln\left(\frac{I_s}{I_o} + 1\right) \tag{3-8}$$

任意一个模块 G_i（$i = 1, 2, 3$）输出电压 V_i：

$$V_i = R_{mp}\left\{ I_{pvi} - I_o\left[\exp\left(\frac{V_i + R_{ms}I_s}{V_{mT}}\right) + \exp\left(\frac{V_i + R_{ms}I_s}{2V_{mT}}\right) - 2 \right] - I_s \right\} - R_{ms}I_s \tag{3-9}$$

（2）2 个模块同时对外输出功率

当阵列输出电流 $I \in [I_{sc3}, I_{sc2}]$ 时，G_3 模块无法提供与阵列输出相同的电流，并联旁路二极管导通，避免 G_3 模块作为负载消耗能量，使流经 G_3 模块的电流 $(I_s - I_{pv3})$ 从旁路二极管流过，输出电压等于旁路二极管两端管压降 V_{by}。G_1 和 G_2 模块共同对外输出功率，阵列输出电压为

$$V_s = V_{by} + V_1 + V_2 + V_{bl} \tag{3-10}$$

式中，$V_{by} = \frac{AKT}{q} \ln\left(\frac{I_s - I_{pv3}}{I_o} + 1\right)$。

（3）1 个模块对外输出功率

当阵列输出电流 $I \in [I_{sc2}, I_{sc1}]$ 时，与 G_3 和 G_2 模块并联的旁路二极管导通，流过电流分别为 $(I_s - I_{pv2})$ 和 $(I_s - I_{pv3})$，只有 G_1 模块对外输出功率。

串联阵列输出电压为

$$V_s = V_{by2} + V_{by3} + V_1 + V_{bl} \tag{3-11}$$

由上述分析可知，多照度环境下将串联阵列电流分为 3 个区间，相应分段函数特性曲线由 3 部分组成。由于 I_{sc} 主要受照度影响，阵列在每个区间的输出特性与模块保持一致，功率具有单峰特性，3 个区间的 3 个局部最大功率点 $P_{ml}(I_{ml}, V_{ml})$、

$P_{m2}(I_{m2}，V_{m2})$、$P_{m3}(I_{m3}，V_{m3})$ 的位置由区间端点 I_{sc} 决定，由式（3-5）可得：

$$\begin{cases} I_{m1} \approx C_I I_{sc1} \\ I_{m2} \approx C_I I_{sc2} \\ I_{m3} \approx C_I I_{sc3} \end{cases} \tag{3-12}$$

综上由式（3-7）～式（3-12）可知，串联阵列 3 个模块在 3 个照度水平下输出 V_s-I_s 数学模型可表示为

$$\begin{cases} V_s = \dfrac{AKT}{q}\ln\left(\dfrac{I_s}{I_o}+1\right) + \sum_{i=1}^{3} R_{mp}\left\{I_{pvi} - I_o\left[\begin{array}{c}\exp\left(\dfrac{V_i+R_{ms}I_s}{V_{mT}}\right)+ \\ \exp\left(\dfrac{V_i+R_{ms}I_s}{2V_{mT}}\right)-2\end{array}\right] - I_s\right\} - R_{ms}I_s, 0 \leqslant I_s \leqslant I_{cs3} \\[4mm] V_s = \dfrac{AKT}{q}\ln\left(\dfrac{I_s-I_{pv3}}{I_o}+1\right) + \sum_{i=1}^{2} R_{mp}\left\{I_{pvi} - I_o\left[\begin{array}{c}\exp\left(\dfrac{V_i+R_{ms}I_s}{V_{mT}}\right)+ \\ \exp\left(\dfrac{V_i+R_{ms}I_s}{2V_{mT}}\right)-2\end{array}\right] - I_s\right\} - R_{ms}I_s \\[4mm] \quad + \dfrac{AKT}{q}\ln\left(\dfrac{I_s}{I_o}+1\right), I_{cs3} < I_s \leqslant I_{cs2} \\[4mm] V_s = \dfrac{AKT}{q}\ln\left(\dfrac{I_s-I_{pv2}}{I_o}+1\right) + \dfrac{AKT}{q}\ln\left(\dfrac{I_s-I_{pv3}}{I_o}+1\right) + \dfrac{AKT}{q}\ln\left(\dfrac{I_s}{I_o}+1\right) + \\[4mm] R_{mp}\left\{I_{pv1} - I_o\left[\exp\left(\dfrac{V_s+R_{ms}I_s}{V_{mT}}\right) + \exp\left(\dfrac{V_s+R_{ms}I_s}{2V_{mT}}\right)-2\right] - I_s\right\} - R_{ms}I_s, I_{cs2} < I_s \leqslant I_{cs1} \end{cases} \tag{3-13}$$

3.2.3　多照度下 N 模块串联阵列建模

将阵列扩展到 N 个模块串联，照度水平为 L 个。设照度为 G_1 的模块有 $N1$ 个，称为子串 G_1，…，照度为 G_L 的模块有 NL 个，称为子串 G_L，$N = N1 + N2 + \cdots + NL$。各子串的光生电流分别为 I_{pv1}、I_{pv2}、…、I_{pvL}，短路电流分别为 I_{cs1}、I_{cs2}、…、I_{csL}，输出电压分别为 V_{N1}、V_{N2}、…、V_{NL}。任一子串 G_i 的串联电阻和并联电阻可表示为

$$\begin{cases} R_{s\_zsi} = R_{ms}Ni \\ R_{s\_zpi} = R_{mp}Ni \end{cases} \quad (i=1,\cdots,L) \tag{3-14}$$

将阵列电流分为 L 个独立区间，每个区间内，对相应子串进行分析，将多照度下的阵列分析转化成单一照度下的子串分析，采用串联阵列分析方法，将整个输出分为 NL 个工作状态，分析以下两种情况。

（1）N 个模块共同对外输出功率

当电流 $I \in [0, I_{scNL}]$ 时，所有模块对外输出功率，子串 G_L 输出电流 $I_L =$

I_s，输出电压 V_s 为各子串输出电压 V_{Ni} 之和，子串 G_i（$i=1$，…，L）和阵列输出电压表达式为

$$V_{Ni} = N i R_{zpi} \left\{ I_{pvi} - I_o \left[\begin{array}{c} \exp\left(\dfrac{V_{Ni}+R_{zsi}I_s N i}{V_{mT1}N i}+\right)+ \\[2mm] \exp\left(\dfrac{V_{Ni}+R_{zsi}I_s N i}{2N i V_{mT2}}\right)-2 \end{array} \right] - I_s \right\} - R_{zsi}I_s N i \tag{3-15}$$

$$V_s = \sum_{i=1}^{L} V_{Ni} + V_{bl} \tag{3-16}$$

（2）$N1$，$N2$，…，$N(L-i)$（$i=1,\cdots,L-1$）模块共同对外输出功率

当电流 $I \in \left[I_{sc(L-i)}，I_{sc(L-i-1)} \right]$ 时，子串 G_1，G_2，…，$G_{(L-i)}$ 共同对外输出功率，并联在子串 $G_{(L-i+1)}$,$G_{(L-i+2)}$,$\cdots$,G_L 的旁路二极管导通，电流为 $I_s-I_{pv(L-i+1)}$，$I_s-I_{pv(L-i+2)}$，…，I_s-I_{pvL}，旁路二极管电压降为 $V_{by(L-i+1)}$，$V_{by(L-i+2)}$，…，V_{byL}，阵列输出电压为

$$V=V_{N1}+V_{N2}+\cdots+V_{N(L-i)}+N(L-i+1)V_{by(L-i+1)}+\cdots+NLV_{byL}+V_{bl} \tag{3-17}$$

其中，任一子串 G_j（$j=1$，…，$L-i$）的输出电压为

$$V_{Nj} = N j R_{zpj} \left\{ I_{pvj} - I_o \left[\begin{array}{c} \exp\left(\dfrac{V_{Nj}+R_{zsj}I_s N j}{V_{mT1}N j}\right)+ \\[2mm] \exp\left(\dfrac{V_{Nj}+R_{zsj}I_s N j}{2N j V_{mT2}}\right)-2 \end{array} \right] - I_s \right\} - R_{zsj}I_s N j \tag{3-18}$$

综合式（3-14）～式（3-18），串联阵列在 L 个照度水平时，特性方程数学模型由 L 个区间上的 L 段函数组成，每个区间对应局部最大功率点 $P_{m1}(I_{m1}，V_{m1})$、$P_{m2}(I_{m2}，V_{m2})$、…、$P_{mN}(I_{mN}，V_{mN})$ 分布：

$$\begin{cases} I_{m1} \approx C_I I_{sc1} \\ I_{m2} \approx C_I I_{sc2} \\ \quad\vdots \\ I_{mN} \approx C_I I_{scN} \end{cases} \tag{3-19}$$

3.3 并联阵列多区间电压分析法

由 Np 个模块并联组成的并联阵列结构图如图 3-4 所示。串联阻塞二极管防止多照度下模块电流回流，保证阵列在任何光照环境下都能够正常工作。基于精

细化的七参数模型并联阵列等效电路如图 3-5 所示。各个模块光生电流分别 I_{pv1}、I_{pv2}、…、I_{pvNp}，输出电压分别为 V_1、V_2、…、V_{Np}，整个阵列电流和电压分别为 I_p 和 V_p。

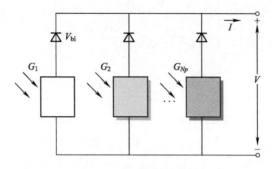

图 3-4　并联阵列结构图

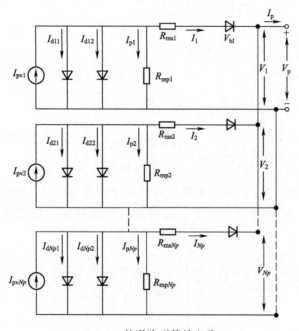

图 3-5　并联阵列等效电路

3.3.1　单一照度下并联阵列建模

单一照度下，图 3-5 所示的并联阵列等效电路，各个模块输出电压 V_p 相等，且等于并联阵列输出电压，输出电流 I_p 等于各个模块电流之和。

$$\begin{cases} I_p/Np = I_1 = I_2 = \cdots = I_{Np} \\ V_p = V_1 = V_2 = \cdots = V_{Np} \end{cases} \tag{3-20}$$

将式(3-20)代入模块特性表达式(2-8)可得并联阵列V-I特性方程：

$$I_{\mathrm{p}}=Np\left\{I_{\mathrm{pv}}-I_{\mathrm{o}}\left[\begin{array}{l}\exp\left(\dfrac{V_{\mathrm{p}}+R_{\mathrm{ms}}I_{\mathrm{p}}/Np}{V_{mT}}\right)+\\[2mm]\exp\left(\dfrac{V_{\mathrm{p}}+R_{\mathrm{ms}}I_{\mathrm{p}}/Np}{2V_{mT}}\right)-2\end{array}\right]-\dfrac{V_{\mathrm{p}}+R_{\mathrm{ms}}I_{\mathrm{p}}/Np}{R_{\mathrm{mp}}/Np}\right\} \tag{3-21}$$

并联阵列串联电阻R_{aps}和并联电阻R_{app}表示如下：

$$\begin{cases}R_{\mathrm{aps}}=R_{\mathrm{mps}}/Np\\R_{\mathrm{app}}=R_{\mathrm{mpp}}/Np\end{cases} \tag{3-22}$$

并联阵列光生电流I_{pvp}、二极管饱和电流I_{dp}、流经并联电阻的电流I_{pp}均是模块相应参数的Np倍，并联阵列等效电路模型如图3-6所示。

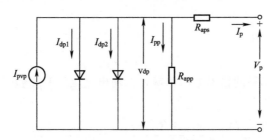

图3-6　并联阵列等效电路模型

由图3-6可得并联阵列的输出V_{p}-I_{p}数学模型：

$$I_{\mathrm{p}}=I_{\mathrm{pvp}}-NpI_{\mathrm{o}}\left[\exp\left(\dfrac{V_{\mathrm{p}}+R_{\mathrm{aps}}I_{\mathrm{p}}}{V_{mT}}\right)+\exp\left(\dfrac{V_{\mathrm{p}}+R_{\mathrm{aps}}I_{\mathrm{p}}}{2V_{mT}}\right)-2\right]-\dfrac{V_{\mathrm{p}}+R_{\mathrm{aps}}I_{\mathrm{p}}}{R_{\mathrm{app}}} \tag{3-23}$$

由式(3-23)可知，在单一照度下，并联阵列输出特性与模块输出特性保持一致，整个电压区间只有一个最大功率点$P_{\mathrm{m}}(I_{\mathrm{m}},V_{\mathrm{m}})$。

$$V_{\mathrm{m}}\approx C_{V}V_{\mathrm{oc}} \tag{3-24}$$

式中，C_{V}为开路电压比例系数，取值$0<C_{V}<1$。

根据模块的输出特性可知，当$U\in[0,V_{\mathrm{m}}]$时，功率函数递增，随着V增加，输出P增加；当$U\in[V_{\mathrm{m}},V_{\mathrm{oc}}]$时，随着$V$增加，功率函数迅速递减，在整个区间有唯一的最大功率点，P_{m}数值上等于单个模块最大功率点值的Ns倍，阵列输出电压与模块电压相等，输出电流为模块电流的N_p倍。

$$\begin{cases}V_{\mathrm{p}}=V_{i}\\I_{\mathrm{p}}=NpI_{i}\end{cases}\qquad(i=1,\cdots,Np) \tag{3-25}$$

3.3.2　多照度下3模块并联阵列建模

多照度下，并联阵列各个模块产生不同的I_{pv}和V，使部分模块串联阻塞二极管截止，采用电压分析法，根据接受的照度水平划分为电压区间，以 V_{oc} 为边界，将多照度转换为在每个电压区间上单一照度的模块进行分析。

假设图 3-4 中的并联阵列的 3 个模块分别接受照度为 G_1、G_2 和 G_3，输出电流为 I_1、I_2 和 I_3。以各照度下的 V_{oc} 为界，将电压划分为 3 个区间。

（1）3 个模块对外输出功率

当 $U \in [0, V_{oc3}]$ 时，G_3 模块的光生电流和输出电压足以对外输出功率，各个模块的阻塞二极管处于导通状态，3 个模块共同对外输出功率。以 G_3 模块为分析对象，电流 I_3 和电压 V_3 的关系如下：

$$V_3 = R_{mp}\left\{I_{pv3} - I_o\left[\exp\left(\frac{V_3 + R_{ms}I_3}{V_{mT}}\right) + \exp\left(\frac{V_3 + R_{ms}I_3}{2V_{mT}}\right) - 2\right] - I_3\right\} - R_{ms}I_3$$

$$(3\text{-}26)$$

并联阵列输出电压：

$$V_p = V_3 + V_{bl3} \tag{3-27}$$

由于 3 个并联支路的输出电压相等，在输出电压为 V_p 情况下，G_1 和 G_2 支路电流为

$$I_i = I_{pvi} - I_o\left[\exp\left(\frac{V_p - V_{bli} + R_{ms}I_i}{V_{mT}}\right) + \exp\left(\frac{V_p - V_{bli} + R_{ms}I_i}{2V_{mT}}\right) - 2\right] -$$

$$\frac{V_p - V_{bli} + R_{ms}I_i}{R_{mp}} \quad (i=1,2) \tag{3-28}$$

并联阵列输出电流：

$$I_p = I_1 + I_2 + I_3 \tag{3-29}$$

（2）2 个模块对外输出功率

当 $U \in [V_{oc3}, V_{oc2}]$ 时，G_3 模块无法提供与阵列输出相同的电压，串联阻塞二极管截止，阵列输出功率由 G_1 和 G_2 模块提供。以 G_2 模块为分析对象，阵列输出电压：

$$V_p = V_{bl2} + V_2 \tag{3-30}$$

$$V_2 = R_{mp}\left\{I_{pv2} - I_o\left[\exp\left(\frac{V_2 + R_{ms}I_2}{V_{mT}}\right) + \exp\left(\frac{V_2 + R_{ms}I_2}{2V_{mT}}\right) - 2\right] - I_2\right\} - R_{ms}I_2$$

$$(3\text{-}31)$$

G_1 模块电流 I_1：

$$I_1 = I_{pv1} - I_o\left[\exp\left(\frac{V_p - V_{bl1} + R_{ms}I_1}{V_{mT}}\right) + \exp\left(\frac{V_p - V_{bl1} + R_{ms}I_1}{2V_{mT}}\right) - 2\right] - \frac{V_p - V_{bl1} + R_{ms}I_1}{R_{mp}}$$

$$(3\text{-}32)$$

阵列输出电流 I_p：

$$I_p = I_1 + I_2 \tag{3-33}$$

（3）1 个模块对外输出功率

当 $U\in[V_{oc2},V_{oc1}]$ 时，只有 G_1 模块对外输出功率。

$$\begin{cases}V_p=V_{bl1}+V_1\\I_p=I_1\end{cases} \tag{3-34}$$

$$I_p=I_{pv1}-I_o\left[\exp\left(\frac{V_p-V_{bl1}+R_{ms}I_p}{V_{mT}}\right)+\exp\left(\frac{V_p-V_{bl1}+R_{ms}I_p}{2V_{mT}}\right)-2\right]-\frac{V_p-V_{bl1}+R_{ms}I_p}{R_{mp}}$$

由以上分析可知，阵列输出的特性曲线由 3 部分组成。由于照度对模块开路电压的影响比较小，阵列输出最大功率 $P_m(I_m,V_m)$ 在 $U\in[0,V_{oc3}]$ 区间上，且满足：

$$V_m\approx C_V V_{oc3} \tag{3-35}$$

在 $U\in[V_{oc3},V_{oc2}]$ 和 $U\in[V_{oc2},V_{oc1}]$ 区间内，输出功率处于递减区间，随着电压增大而迅速减小，即 3 个模块共同工作时输出最大功率，因此，多照度下并联阵列不同于串联阵列，$V\text{-}I$ 与 $V\text{-}P$ 曲线呈现单膝点和单峰值。

综合式(3-27)～式(3-35)可知，并联阵列 3 个模块在 3 个照度水平下输出 $V_p\text{-}I_p$ 分段函数模型为

$$\begin{cases}I_p=\displaystyle\sum_{i=1}^3\left\{I_{pvi}-I_o\left[\exp\left(\dfrac{V_p-V_{bli}+R_{ms}I_i}{V_{mT}}\right)+\exp\left(\dfrac{V_p-V_{bli}+R_{ms}I_i}{2V_{mT}}\right)-2\right]\right.\\\qquad\qquad\left.-\dfrac{(V_s-V_{bli})+R_{ms}I_i}{R_{mp}}\right\},0\leqslant V\leqslant V_{oc3}\\[2em]I_p=\displaystyle\sum_{i=1}^2\left\{I_{pvi}-I_o\left[\exp\left(\dfrac{V_p-V_{bli}+R_{ms}I_i}{V_{mT}}\right)+\exp\left(\dfrac{V_p-V_{bli}+R_{ms}I_i}{2V_{mT}}\right)-2\right]\right.\\\qquad\qquad\left.-\dfrac{(V_s-V_{bli})+R_{ms}I_i}{R_{mp}}\right\},V_{oc3}<V\leqslant V_{oc2}\\[2em]I_p=I_{pv1}-I_o\left[\exp\left(\dfrac{V_p-V_{bl1}+R_{ms}I_p}{V_{mT}}\right)+\exp\left(\dfrac{V_p-V_{bl1}+R_{ms}I_p}{2V_{mT}}\right)-2\right]\\\qquad\qquad-\dfrac{(V_p-V_{bl1})+R_{ms}I_1}{R_{mp}},V_{oc2}<V\leqslant V_{oc1}\end{cases}$$

$$\tag{3-36}$$

3.3.3　多照度下 N 模块并联阵列建模

将模块扩展到 N 个并联，照度水平为 L 个。设照度为 G_1 的模块有 N1 个，称为子串 G_1，…，照度为 G_L 的模块有 NL 个，称为子串 G_L，$Np=N1+N2+\cdots+NL$。各子串光生电流为 $N1I_{pv1}$、$N2I_{pv2}$、…、NLI_{pvNp}，开路电压为 V_{oc1}、V_{oc2}、…、V_{ocNp}，输出电流为 I_1、I_2、…、I_L。任一子串的串联电阻和并联电阻为

$$\begin{cases}R_{p\_zsi}=R_{ms}/Ni\\R_{p\_zpi}=R_{mp}/Ni\end{cases}\quad(i=1,\cdots,L) \tag{3-37}$$

将输出电压分为 L 个独立区间，每个区间内的子串是单一照度的并联阵列，将子串作为分析对象，输出分为 NL 个步骤，分析以下两种情况。

（1）Np 个模块共同对外输出功率

当 $U \in [0, V_{ocL}]$ 时，所有模块对外输出功率，子串 G_L 输出电压 V_{NL}，输出电流为 I_L，阵列输出电压由子串 G_L 确定。

以子串 G_L 为分析对象，输出 $V\text{-}I$：

$$V_{NL} = NLR_{zpL}\left\{I_{pvL} - I_o\left[\begin{array}{l}\exp\left(\dfrac{V_{NL} + R_{zsL}I_L NL}{V_{mT1}NL}\right) \\ + \exp\left(\dfrac{V_{NL} + R_{zsL}I_L NL}{2NLV_{mT2}}\right) - 2\end{array}\right] - I_L\right\} - R_{zsL}I_L NL$$

（3-38）

并联阵列输出 V_p 和 I_p：

$$\begin{cases}V_p = V_{NL} + V_{blL} \\ I_p = I_1 + I_2 + \cdots + I_L\end{cases}$$

（3-39）

（2）$N1$，$N2$，$\cdots$，$N(L-i)$，$(i=1, \cdots, L-1)$ 模块共同对外输出功率

当电压 $U \in [V_{oc(L-i-1)}, V_{oc(L-i)}]$ 时，子串 G_1，G_2，$\cdots$，$G_{(L-i)}$ 对外输出功率，以子串 $G_{(L-i)}$ 为分析对象，输出电压为

$$V_{N(L-i)} = N(L-i)R_{zp(L-i)}\left\{I_{pv(L-i)} - I_o\left[\begin{array}{l}\exp\left(\dfrac{V_{N(L-i)} + R_{zs(L-i)}I_{L-i}N(L-i)}{V_{mT1}N(L-i)}\right) \\ + \exp\left(\dfrac{V_{N(L-i)} + R_{zs(L-i)}I_{L-i}N(L-i)}{2N(L-i)V_{mT2}}\right) - 2\end{array}\right]\right\}$$
$$- R_{zs(L-i)}I_{L-i}N(L-i)$$

（3-40）

并联阵列输出 V_p 和 I_p：

$$\begin{cases}V_p = V_{N(L-i)} + V_{bl(L-i)} \\ I_p = I_1 + I_2 + \cdots + I_{L-i}\end{cases} \quad (i=1, \cdots, L-1)$$

（3-41）

综合以上分析，并联阵列在 L 个照度水平时 $I_p\text{-}V_p$ 分段函模型为

$$\begin{cases}I_p = \displaystyle\sum_{i=1}^{L}\left\{\begin{array}{l}NiI_{pvi} - NiI_o\left[\exp\left(\dfrac{V_p - V_{bli} + R_{zsi}I_i}{V_{mT}}\right) + \exp\left(\dfrac{V_p - V_{bli} + R_{zms}I_i}{2V_{mT}}\right) - 2\right] \\ - \dfrac{(V_p - V_{bli}) + R_{zsi}I_i}{R_{zpi}}, 0 \leqslant V_p \leqslant V_{ocL}\end{array}\right\} \\ \quad\vdots \\ I_p = \displaystyle\sum_{i=1}^{L-j}\left\{\begin{array}{l}NiI_{pvi} - NiI_o\left[\exp\left(\dfrac{V_p - V_{bli} + R_{zsi}I_i}{V_{mT}}\right) + \exp\left(\dfrac{V_p - V_{bli} + R_{zms}I_i}{2V_{mT}}\right) - 2\right] \\ - \dfrac{(V_p - V_{bli}) + R_{zsi}I_i}{R_{zpi}}, V_{oc(j+1)} < V_p \leqslant V_{ocj}(j=1, \cdots, L-1)\end{array}\right\}\end{cases}$$

（3-42）

阵列在 $U \in [0, V_{ocL}]$ 上，有一个最大功率点 $P_m(I_m, V_m)$。

3.4 串并联阵列多区间电压和电流分析法

$M \times N$ 串并联阵列结构图如图 3-7 所示。假设各模块照度分别为 G_1、G_2、$\cdots$、G_N，光生电流分别 I_{pv1}、I_{pv2}、$\cdots$、I_{pvN}，输出电压分别为 V_1、V_2、$\cdots$、V_M，阵列电流和电压分别为 I_{sp} 和 V_{sp}，$M \times N$ 串并联阵列等效电路如图 3-8 所示。

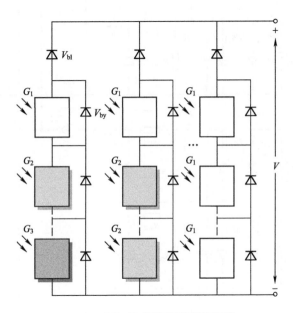

图 3-7 $M \times N$ 串并联阵列结构图

3.4.1 单一照度下串并联阵列建模

单一照度下，各个并联支路电压和电流相等，输出电流 I_{sp} 等于各并联支路电流之和，输出 I_{sp}-V_{sp}：

$$I_{sp} = MI_{pv} - MI_o \left[\exp\left(\frac{V_{sp} + NR_{ms}I_{sp}/M}{V_{mT}} \right) + \exp\left(\frac{V_{sp} + NR_{ms}I_{sp}/M}{2V_{mT}} \right) - 2 \right]$$
$$- \frac{V_{sp} + NR_{ms}I_{sp}/M}{NR_{mp}/M} \tag{3-43}$$

阵列串联电阻 R_{as_sp} 和并联电阻 R_{ap_sp}：

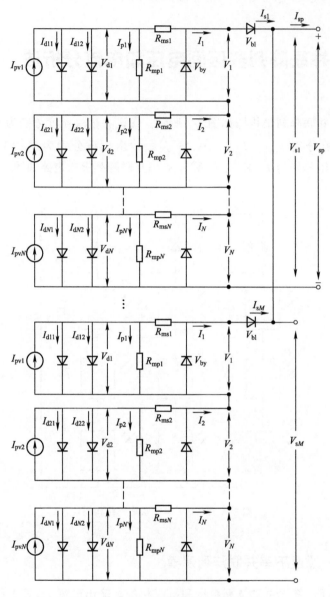

图 3-8　$M \times N$ 串并联阵列等效电路

$$\begin{cases} R_{\text{as\_sp}} = NR_{\text{ms}}/M \\ R_{\text{ap\_sp}} = NR_{\text{mp}}/M \end{cases} \tag{3-44}$$

阵列光生电流 $I_{\text{pv\_sp}}$、二极管饱和电流 $I_{\text{d1\_sp}}$、$I_{\text{d2\_sp}}$ 和并联电阻电流 $I_{\text{p\_sp}}$ 均为模块相应电流的 M 倍。串并联阵列等效电路模型如图 3-9 所示。

串并联阵列输出 $I_{\text{sp}}\text{-}V_{\text{sp}}$：

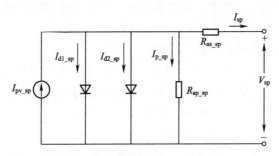

图 3-9　串并联阵列等效电路模型

$$I_{sp}=I_{pv\_sp}-MI_o\left[\exp\left(\frac{V_{sp}+R_{as\_sp}I_{sp}}{V_{mT}}\right)+\exp\left(\frac{V_{sp}+R_{as\_sp}I_{sp}}{2V_{mT}}\right)-2\right]-\frac{V_{sp}+R_{as\_sp}I_{sp}}{R_{ap\_sp}}$$

$$(3-45)$$

3.4.2　多照度下 3×3 串并联阵列建模

多照度下，串并联阵列各支路内采用电流分析法，根据支路照度水平划分电流区间，将分析对象由串并联阵列转化为串联阵列，支路间采用电压分析法，相当于多照度下并联阵列分析，利用 3.2 节和 3.3 节的分析方法，以 3×3 阵列为例，分别进行理论推导。

图 3-7 中，$M=3$，$N=3$，阵列由 3 个支路并联组成，假设照度分布为：支路Ⅰ中，G_1、G_2、G_3；支路Ⅱ中，G_1、G_1、G_2；支路Ⅲ中，均为 G_1。支路间以电压分析为基准，划分为 3 个区间 $[0,V_{oc1}+V_{oc2}+V_{oc3}]$、$(V_{oc1}+V_{oc2}+V_{oc3}$，$2V_{oc1}+V_{oc2}]$、$(2V_{oc1}+V_{oc2}$，$3V_{oc1}]$。

（1）3 条支路共同对外输出功率

当 $U\in[0,V_{oc1}+V_{oc2}+V_{oc3}]$ 时，3 条支路共同对外输出功率，输出 V 和 I 可表示为

$$\begin{cases}V=V_1+V_{bl1}=V_2+V_{bl2}=V_3+V_{bl3}\\I=I_1+I_2+I_3\end{cases}$$

$$(3-46)$$

式中，V_1、I_1、V_{bl1}，V_2、I_2、V_{bl2}，V_3、I_3、V_{bl3} 分别是第Ⅰ、Ⅱ、Ⅲ支路的输出电压、电流和串联阻塞二极管电压。

① Ⅰ支路中，G_1、G_1、G_2 将电流分为 $[0,I_{cs3}]$、$(I_{cs3},I_{cs2}]$ 和 $(I_{cs2},I_{cs1}]$ 3 个区间，输出 V 分段函数表达式为

$$\begin{cases}V=V_1+V_{bl1}=V_{11}+V_{12}+V_{13}+V_{bl1},0\leqslant I_1\leqslant I_{cs3}\\V=V_1+V_{bl1}+V_{by}=V_{11}+V_{12}+V_{bl1}+V_{by},I_{cs3}<I_1\leqslant I_{cs2}\\V=V_1+V_{bl1}+2V_{by}=V_{11}+V_{bl1}+2V_{by},I_{cs2}<I_1\leqslant I_{cs1}\end{cases}$$

$$(3-47)$$

② 并联支路电压相等，Ⅰ支路电压决定了Ⅱ和Ⅲ支路电压。

$$V=V_2+V_{bl2}=V_{21}+V_{22}+V_{23}+V_{bl2}$$

$$(3-48)$$

③ Ⅲ支路中只有 G_1 照度，可以看作单一照度下的串联阵列，输出电压 V：

$$V = V_3 + V_{bl3} \tag{3-49}$$

（2）Ⅱ和Ⅲ支路共同对外输出功率

当 $U \in (V_{oc1} + V_{oc2} + V_{oc3}, 2V_{oc1} + V_{oc2}]$ 时，由Ⅱ和Ⅲ支路共同对外输出功率，阵列电流 I 为 2 条支路的电流和，V 和 I 可由下式表示：

$$\begin{cases} V = V_2 + V_{bl2} = V_3 + V_{bl3} \\ I = I_2 + I_3 \end{cases} \tag{3-50}$$

式中，V_2，V_3、I_2，I_3、V_{bl2}、V_{bl3} 分别是Ⅱ、Ⅲ支路的输出电压、电流和串联阻塞二极管电压。

① Ⅱ支路中 G_1、G_2 将电流分为 $[0, I_{cs2}]$ 和 $(I_{cs2}, I_{cs1}]$ 2 个区间，输出 V：

$$\begin{cases} V = V_2 + V_{bl2} = V_{11} + V_{12} + V_{13} + V_{bl1}, 0 \leq I_2 \leq I_{cs2} \\ V = V_2 + V_{bl2} + V_{by} = V_{11} + V_{12} + V_{bl1} + V_{by}, I_{cs2} < I_2 \leq I_{cs1} \end{cases} \tag{3-51}$$

② Ⅲ支路电压与Ⅱ支路电压相等。

$$V = V_3 + V_{bl3} = V_{31} + V_{32} + V_{33} + V_{bl3} \tag{3-52}$$

（3）Ⅲ支路对外输出功率

当 $U \in (2V_{oc1} + V_{oc2}, 3V_{oc1}]$ 时，只有Ⅲ支路对外输出功率，且在 $[0, I_{cs1}]$ 区间上为单一照度。

综上分析，多照度下由电路工作状态可得以下结论。

① $U \in [0, V_{oc1} + V_{oc2} + V_{oc3}]$ 时，3 个支路共同输出功率，3 个电流区间有 3 个局部最大功率点，功率点位置在各个电流区间满足式(3-12)。

② $U \in (V_{oc1} + V_{oc2} + V_{oc3}, 2V_{oc1} + V_{oc2}]$ 时，Ⅱ和Ⅲ支路共同对外输出功率，2 个电流区间有 2 个局部最大功率点，在 $(I_{cs2}, I_{cs1}]$ 区间的功率点与 3 个支路共同输出功率的区间重合。

③ $U \in (2V_{oc1} + V_{oc2}, 3V_{oc1}]$ 时，Ⅲ支路对外输出功率，$[0, I_{cs1}]$ 区间上只有 1 个最大功率点。实际上，由于各照度下 V_{oc} 值相差较小，全局最大功率点出现在 3 个支路共同输出功率的情况下，符合 3.3.3 节中串并联阵列最大功率点分布规律，因此，在 $U \in [0, V_{oc1} + V_{oc2} + V_{oc3}]$ 上，3×3 阵列有 3 个局部最大功率点，数值由 3 个支路输出功率叠加确定。

3.4.3 多照度下 M×N 串并联阵列建模

$M \times N$ 串并联阵列，照度为 L 个，且 $G_1 > G_2 > \cdots > G_L$。假设在 M_1 支路中，照度为 G_1 模块为 N_{11} 个，记为 $N_{11}(G_1)$，以此类推，照度为 G_L 模块记为 $N_{1L}(G_L)$，$L = 1, \cdots, N$，且 $N_{11} + N_{12} + N_{13} + \cdots + N_{1L} = N$；$M$ 支路中模块照度分布为 $N_{M1}(G_1)$、$N_{M2}(G_2)$，$\cdots$，$N_{ML}(G_L)$，且 $N_{M1} + N_{M2} + \cdots + N_{ML} = N$。阵列输出以电压为基准，划分为 M 个区间：$[0, N_{11}V_{oc1} + N_{12}V_{oc2} + \cdots + N_{1L}V_{ocL}]$，$(N_{11}V_{oc1} + N_{12}V_{oc2} + \cdots + N_{1L}V_{ocL}, N_{21}V_{oc1} + N_{22}V_{oc2} + \cdots + N_{2L}V_{ocL}]$，$\cdots$，

$(N_{(M-1)1}V_{oc1}+N_{(M-1)2}V_{oc2}+\cdots+N_{(M-1)(L-1)}V_{oc(L-1)},N_{M1}V_{oc1}+N_{M2}V_{oc2}+\cdots+$
$N_{ML}V_{ocL}]$。

（1）M 条支路共同对外输出功率

串并联阵列 $U\in[0,N_{11}V_{oc1}+N_{12}V_{oc2}+\cdots+N_{1L}V_{ocL}]$ 时，M 条支路共同输出功率，V 和 I 可表示为

$$\begin{cases} V=V_i+V_{bli} \\ I=\sum_{i=1}^{M}I_i \end{cases} \tag{3-53}$$

式中，V_i、I_i 是第 i（$i=1$，$\cdots$，M）条支路的输出电压和电流。

① I 支路中 L 个照度水平 G_1、G_2、$\cdots$、G_L 将电流分为 L 个区间 $[0,$
$I_{csL}]$，$(I_{cs(L-1)},I_{csL}]$，$\cdots$，$(I_{cs2}$，$I_{cs1}]$，分段函数的表达式为

$$\begin{cases} V=N_{11}V_{11}+N_{12}V_{12}+\cdots+N_{1L}V_{1L}+V_{bl1},0\leqslant I_1\leqslant I_{csL} \\ V=N_{11}V_{11}+N_{12}V_{12}+\cdots+N_{1(L-1)}V_{1(L-1)}+V_{bl1}+N_{1L}V_{by},I_{csL}<I_1\leqslant I_{cs(L-1)} \\ \vdots \\ V=N_{11}V_{11}+V_{bl1}+(N_{12}+N_{13}+\cdots+N_{1L})V_{by},I_{cs2}<I_1\leqslant I_{cs1} \end{cases} \tag{3-54}$$

式中，V_{1i} 是 $N_{1i}(Gi)$（$i=1$，$\cdots$，L）模块的输出电压，可由下式计算得到：

$$V_{1i}=R_{mp}\left\{I_{pvi}-I_o\left[\exp\left(\frac{V_{1i}+R_{ms}I_1}{V_{T1}}\right)+\exp\left(\frac{V_{1i}+R_{ms}I_1}{2V_{T2}}\right)-2\right]-I_1\right\}-R_{ms}I_1 \quad (i=1,2,\cdots,L) \tag{3-55}$$

以此类推，可得到 II 支路、III 支路、$\cdots$、$(M-1)$ 支路的分段函数表达式。

② M 支路电压与 I、II、$\cdots$、$(M-1)$ 支路电压相等，M 支路电流 I_M，照度水平为 L_M 个，输出 V 和 I 可表示为

$$V=N_{M1}V_{M1}+N_{M2}V_{M2}+\cdots+N_{MLM}V_{MLM}+V_{blM} \tag{3-56}$$

串并联阵列电压区间决定各支路是否对外工作。

$U\in(N_{11}V_{oc1}+N_{12}V_{oc2}+\cdots+N_{1L}V_{ocL},N_{21}V_{oc1}+N_{22}V_{oc2}+\cdots+N_{2L}V_{ocL}]$
时，I 支路输出电压小于此范围电压值，则不对外输出功率，同理，随着电压区间值逐渐增大，II、III、$\cdots$、$(M-1)$ 支路均不对外输出功率。

（2）M 支路对外输出功率

串并联阵列 $U\in(N_{(M-1)1}V_{oc1}+N_{(M-1)2}V_{oc2}+\cdots+N_{(M-1)(L-1)}V_{oc(L-1)},N_{M1}$
$V_{oc1}+N_{M2}V_{oc2}+\cdots+N_{ML}V_{ocL}]$ 时，仅 M 支路对外输出功率，L 个照度将电流分为 L 个区间 $[0,I_{csL}]$，$(I_{csL},I_{cs(L-1)}]$，$\cdots$，$(I_{cs2}$，$I_{cs1}]$，分段函数表达式为

$$\begin{cases} V=N_{M1}V_{M1}+N_{M2}V_{M2}+\cdots+N_{ML}V_{ML}+V_{blM},0\leqslant I_M\leqslant I_{csL} \\ V=N_{M1}V_{M1}+N_{M2}V_{M2}+\cdots+N_{M(L-1)}V_{M(L-1)}+V_{blM}+N_{MLM}V_{by},I_{csL}<I_M\leqslant I_{cs(L-1)} \\ \vdots \\ V=N_{M1}V_{M1}+V_{blM}+(N_{M2}+N_{M3}+\cdots+N_{ML})V_{by},I_{cs2}<I_M\leqslant I_{cs1} \end{cases}$$

$$\tag{3-57}$$

式中，V_{Mi} 为 $N_{Mi}(G_i)$（$i=1$，$\cdots$，L）模块的输出电压。

$M \times N$ 串并联阵列最大功率点由阵列全部输出功率时 I 支路的照度分布决定，功率点在各个电流区间的分布满足式(3-12)。

由 $M \times N$ 串并联阵列输出推导过程可见，任意照度水平和阵列结构均可以采用基于多区间的工作状态分析法建立阵列输出分段函数模型。

3.5 光伏阵列仿真模型和输出特性研究

在上述光伏阵列分段函数模型和等效电路模型的基础上，建立 MATLAB/Simulink 环境下的仿真模型，采用仿真与实验相结合的方式验证模型的正确性，对阵列输出特性进行分析。

3.5.1 基于数学模型和电路模型的阵列仿真建模

MATLAB 模块化仿真流程如图 3-10 所示。

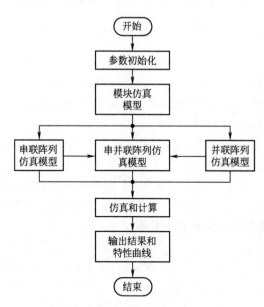

图 3-10 MATLAB 模块化仿真流程

① 对模型进行初始化，包括环境参数、阵列结构、照度分布、光伏模块参数、常量参数，如单位电荷、波尔茨曼常数等，直接输入参数完成初始化。

② 按照 3.2.1 节和 3.3.1 节所述，建立模块、串联阵列和并联阵列的 Simulink 仿真模型；在多照度下根据 3.2.3 节、3.3.3 节的内容采用 m 文件编程和调用上述模块，建立串联阵列、并联阵列仿真模型；根据 3.4.1 节和 3.4.3 节的内容调用上述所建串联阵列和并联阵列模型，建立串并联阵列输出模型。

③ 输出计算结果，绘制输出特性 V-I、V-P 曲线。

3.5.2 串联阵列仿真和实验

（1）实验方法

实验采用 2.4.2 节光伏特性测试系统，分别进行 3 个模块串联阵列、3 个模块并联阵列和 3×3 模块串并联阵列数据采集和实验。实验在温度 $T=25℃$，照度为

$G_1 = 1000\,\mathrm{W/m^2}$、$G_2 = 600\,\mathrm{W/m^2}$、$G_3 = 300\,\mathrm{W/m^2}$ 的环境下进行。实验和仿真的所有模块都采用型号为 KG200GT 的光伏模块，精细化的七参数模型计算出的 KG200GT 模块电气参数如表 3-1 所示。

⊡ 表 3-1　精细化的七参数模型计算出的 KG200GT 模块电气参数

模块参数	数值
电池结构	54 个电池串联，$n = 54$
最大功率 P_m	200W
最大功率点电压 V_m	26.3V
最大功率点电流 I_m	7.61A
二极管反向饱和电流 I_o	$4.128 \times 10^{-10}\,\mathrm{A}$
光生电流 I_{pv}	4.73A
串联电阻 R_s	0.335Ω
并联电阻 R_p	155.48Ω

（2）单一照度下串联阵列仿真和实验

当串联阵列单一照度值分别为 G_1、G_2、G_3 时，仿真和实验输出特性曲线如图 3-11、图 3-12 所示。计算 3 个照度下的模块参数：$I_{pv1} = 8.2279\mathrm{A}$，$I_{pv2} = 4.9367\mathrm{A}$，$I_{pv3} = 2.4684\mathrm{A}$；$I_{cs1} = 8.2100\mathrm{A}$，$I_{cs2} = 4.9260\mathrm{A}$，$I_{cs3} = 2.4630\mathrm{A}$；$V_{oc1} = 32.9030\mathrm{V}$，$V_{oc2} = 32.1943\mathrm{V}$，$V_{oc3} = 31.2326\mathrm{V}$；最大功率点的坐标 P_m (V_m, I_m)：$P_{m1} = 602.2608\mathrm{W}$，$P_{m1}$（78.6866V，7.7047A）；$P_{m2} = 368.3223\mathrm{W}$，$P_{m2}$（77.9953V，4.7223A）；$P_{m3} = 182.8377\mathrm{W}$，$P_{m3}$（76.3778V，2.3939A）。

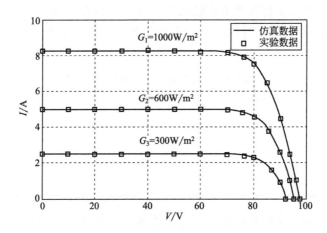

图 3-11　单一照度下串联阵列 V-I 仿真和实验曲线

单一照度下，串联阵列输出电流与模块电流相等，电压为 3 个模块电压之和，仿真 V-I 曲线与实验所测数据相吻合。阵列输出特性与模块保持一致，同一照度下

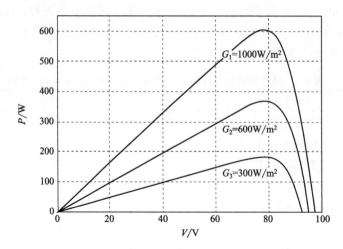

图 3-12 单一照度下串联阵列 $V\text{-}P$ 仿真曲线

V_{oc} 与最大功率点电压 V_m，I_{cs} 与最大功率点电流 I_m 满足下列关系：

$$\begin{cases} V_m = (0.8\sim1)V_{oc} \\ I_m = (0.8\sim1)I_{sc} \end{cases} \tag{3-58}$$

在 $G_1 = 1000\text{W}/\text{m}^2$ 时，计算最大功率值 602.2608W，与模块给定参数值 600W 有误差，因为在实际仿真和测量过程中考虑了串联阵列中阻塞二极管两端的电压，使得输出电压和功率大于模块额定值，与 3.2.1 节理论分析一致。

（3）多照度下串联阵列仿真和实验

3 个串联模块照度分别为 G_1、G_2、G_3。阵列结构和光照分布如表 3-2 中 II、III 和 IV 类型。多照度下仿真和实验输出 $V\text{-}I$ 和 $V\text{-}P$ 特性曲线如图 3-13、图 3-14 所示。图 3-13 和图 3-14 中，I 类型曲线在标准条件下作为参照，单一照度下有一个最大功率点：$P_m = 602.8759\text{W}$。

表 3-2　串联阵列 3 个模块的光照分布

类型	模块总数	G_1 模块数	G_2 模块数	G_3 模块数
I	3	3	0	0
II	3	1	1	1
III	3	2	1	0
IV	3	1	2	0

II 类型曲线在 3 个照度决定的 3 个电流区间 $[0, I_{cs3}]$、$(I_{cs3}, I_{cs2}]$、$(I_{cs2}, I_{cs1}]$ 上由 3 段黑色线组成，每个区间有一个局部功率极值，分别为 $P_{m1} = 212.4625\text{W}$，$P_{m1}$（88.3641V，2.4044A）；$P_{m2} = 271.0544\text{W}$，$P_{m2}$（56.7972V，4.7723A）；$P_{m3} = 216.7306\text{W}$，$P_{m3}$（28.2258V，7.6785A）。最大功率点电流 I_{mi} 分别满足式(3-12)。$V\text{-}I$ 曲线有 3 个膝点，电流值呈阶梯状下降，分别对应 1 个

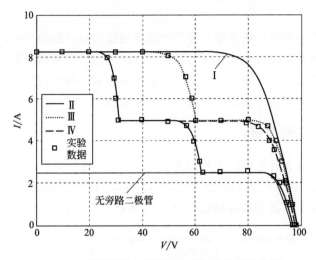

图 3-13 多照度下串联阵列 V-I 仿真和实验曲线

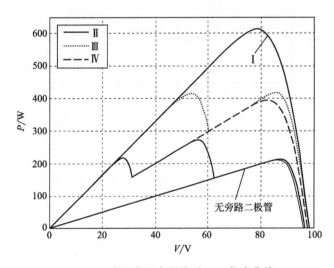

图 3-14 多照度下串联阵列 V-P 仿真曲线

模块、2 个模块和 3 个模块对外输出功率的工作状态，由各个区间的局部最大功率可知，局部 P_m 不仅与电流区间相关，还与共同对外输出功率的模块数目相关。

Ⅲ类型在 2 个水平照度下，电流区间 $[0, I_{cs2}]$、$(I_{cs2}, I_{cs1}]$ 由 2 段 "…"线组成，对应 $P_{m1} = 416.2562W$，P_{m1}（86.2903V，4.8239A）；$P_{m2} = 414.7946W$，P_{m2}（53.8018V，7.7096A）。V-I 曲线有 2 个膝点，分别对应 1 个模块和 3 个模块对外输出功率。

Ⅳ与Ⅲ类型是照度相同，分布不同的 "---"线，对应 $P_{m1} = 394.3506W$，P_{m1}（82.8341V，4.7607A）；$P_{m2} = 216.7306W$，P_{m2}（28.2258V，7.6785A）。局部最大功率值和全局最大功率值均低于Ⅲ类型。可见，照度分布也直接影响最大

功率输出。

由阵列中模块没有并联旁路二极管情况下的输出特性曲线可知，旁路二极管不仅可以保护电池避免热斑效应，还可以提高输出电能。实验所测数据绘制出 $V\text{-}I$ 曲线与仿真曲线数据基本相吻合，验证了多照度下串联阵列分段函数模型的正确性和精确性以及 3.2.2 节中串联阵列理论分析的正确性。

3.5.3 并联阵列仿真和实验

（1）单一照度下并联阵列仿真和实验

3 个模块组成并联阵列的照度分别为 G_1、G_2、G_3，通过仿真和实验，单一照度下并联阵列 $V\text{-}I$ 仿真和实验曲线如图 3-15 所示，$V\text{-}P$ 仿真曲线如图 3-16 所示。

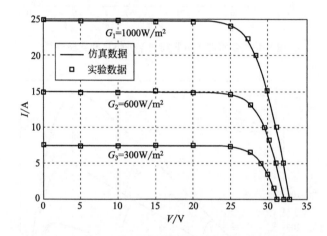

图 3-15 单一照度下并联阵列 $V\text{-}I$ 仿真和实验曲线

3 个单一照度水平下最大功率点：$P_{m1} = 602.2613\text{W}$，$P_{m1}$ （26.4913V，

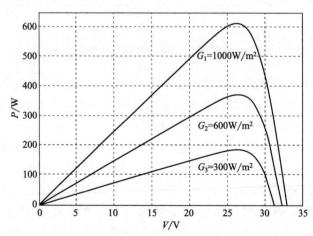

图 3-16 单一照度下并联阵列 $V\text{-}P$ 仿真曲线

22.8853A）；P_{m2} ＝ 368.3223W，P_{m2}（26.2500V，14.0313A）；P_{m3} ＝ 182.8377W，P_{m3}（26.0887V，7.0083A）。并联阵列输出电压与模块电压相等，电流为 3 个模块输出电流之和，仿真曲线与实验所测数据相吻合，与 3.3.1 节的理论分析一致，输出功率具有单峰特性，在同一照度下 V_{oc} 与 V_m，I_{cs} 和 I_m 关系满足式(3-5) 和式(3-24)，验证了 3.3.1 节并联阵列理论分析的正确性。

（2）多照度下并联阵列仿真和实验

并联模块照度分别为 G_1、G_2、G_3，3 个模块光照分布如表 3-3 中Ⅱ、Ⅲ和Ⅳ类型。多照度下并联阵列 V-I 仿真和实验特性曲线如图 3-17 所示、V-P 仿真曲线如图 3-18 所示，局部放大如图 3-19 所示。

⊡ **表 3-3　并联阵列 3 个模块的光照分布**

类型	模块总数	G_1 模块数	G_2 模块数	G_3 模块数
Ⅰ	3	3	0	0
Ⅱ	3	1	1	1
Ⅲ	3	2	1	0
Ⅳ	3	1	2	0

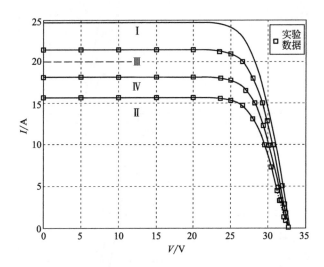

图 3-17　多照度下并联阵列 V-I 仿真和实验曲线

Ⅱ类型在 3 个照度下，3 个电压区间 [0，V_{oc3}]、(V_{oc3}，V_{oc2}]、(V_{oc2}，V_{oc1}] 由实线、"…"线、"---"线 3 段曲线组成，如图 3-17 和图 3-19（a）所示。曲线只有一个最大功率值：P_m＝394.0026W，P_m（26.3306V，14.8118A）。由于串联阻塞二极管存在，输出电压在 3 个照度下产生了 3 个转折点，转折点个数与照度水平相同。3 个电压区间，分别对应 3 个模块、2 个模块和 1 个模块对外输出功率，最大功率点位于第 1 个电压区间 [0，V_{oc3}]。

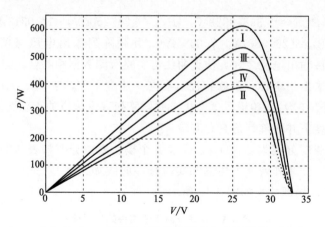

图 3-18　多照度下并联阵列 V-P 仿真曲线

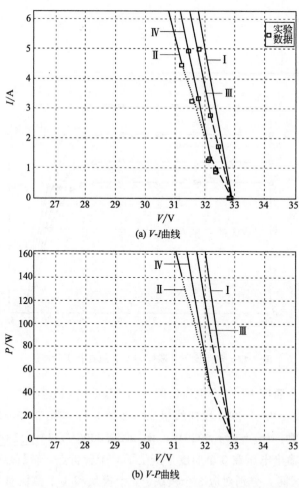

(a) V-I曲线

(b) V-P曲线

图 3-19　多照度下并联阵列仿真和实验曲线局部放大图

Ⅲ类型在2个照度下，2个电压区间 $[0, V_{oc2}]$、$(V_{oc2}, V_{oc1}]$ 的输出曲线由实线和"…"线2段曲线组成，分别对应3个模块和2个模块对外输出功率。最大功率值 $P_m = 532.6255W$，P_m（26.5726V，20.0442A）。

Ⅳ类型输出曲线由实线和"…"线2段曲线组成，分别对应3个模块和1个模块对外输出功率。"…"线曲线与Ⅱ类型"---"线部分重叠，这是由于在 $(V_{oc2}, V_{oc1}]$ 上都是照度为 G_1 的1个模块对外输出功率，输出功率和电流值相等。最大功率值 $P_m = 456.4565W$，P_m（26.4113V，17.1312A）。相同照度水平下，Ⅳ类型最大功率值低于Ⅲ类型，这是由于接受 G_1 和 G_2 照度模块的数目不同。可见，照度分布直接影响输出最大功率，与3.3.2节的理论分析一致。

多照度下并联阵列输出单峰特性曲线大致与单一照度相同，全局最大功率点均位于第1段曲线上的最小照度区间内，在该区间所有模块对外输出功率，功率和电流值为所有并联模块输出的叠加，且 V_m 与 V_{oc} 满足 $V_m = (0.8 \sim 1) V_{oc}$。其他区间，随着电压值增加，$P$ 和 I 的值迅速下降为0。相比单一照度，多照度下 P 大幅下降，主要由于 I_{pv} 受 G 影响较大，验证了3.3.2节并联阵列理论分析和数学模型的正确性。

（3）串联阵列和并联阵列输出特性比较

相同照度分布下，串联阵列和并联阵列最大输出功率对比如表3-4所示。Ⅰ类型照度为 G_1。

⊡ **表3-4　串联阵列和并联阵列最大输出功率对比**

串/并联类型	串联最大功率 P_{ms}/W	并联最大功率 P_{mp}/W	P_{mp}/P_{ms}
Ⅰ	602.2608	602.2608	1
Ⅱ	271.0544	390.0026	1.44
Ⅲ	416.2562	532.6255	1.28
Ⅳ	394.3506	456.4565	1.16

由表3-4可见，单一照度下串联阵列与并联阵列 P_m 相同。而多照度下，P_{mp} 分别是 P_{ms} 的1.44倍、1.28倍和1.16倍。并联阵列输出功率显著增加，这是由于模块 V_m 为 V_{oc} 的80%左右，V_{oc} 主要与温度有关，与日照强度关系不大，不同照度分布的并联阵列几乎可以同时运行在最大功率点，更易于MPPT，具备较高的发电效率。但并联阵列输出电压低，电流大，对电压要求高的场合不适用，器件也会产生较大功率损耗，而小型光伏发电系统中在满足额定功率要求的前提下可以优先考虑并联阵列。

3.5.4　串并联阵列仿真和实验

（1）单一照度下串并联阵列仿真和实验

3×3阵列在单一照度分别为 G_1、G_2、G_3 时进行仿真和实验，输出特性曲线如图3-20和图3-21所示。3条曲线的 P_m 分别为：$P_{m1} = 1818.7023W$，P_{m1}

（79.0866V，22.9963A）；$P_{m2}=1106.4023$W，P_{m2}（78.9387V，14.0160A）；$P_{m3}=548.3023$W，P_{m3}（78.6083V，6.9751A）。由图 3-20 可见，仿真曲线与实验所测数据相吻合，相同阵列在不同照度下，输出功率相差较大，输出功率具有单峰特性，与 3.4.1 节的理论分析一致，相同照度下 V_m 与 V_{oc}，I_m 与 I_{cs} 的关系满足式（3-5）和式（3-24）。

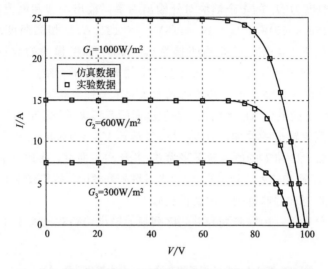

图 3-20 单一照度下 3×3 串并联阵列 V-I 仿真和实验曲线

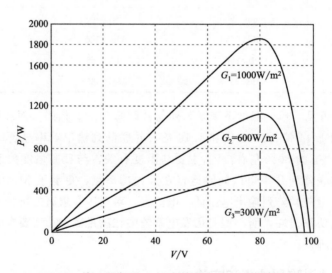

图 3-21 单一照度下 3×3 串并联阵列 V-P 仿真曲线

（2）多照度下串并联阵列仿真和实验

多照度下，3×3 串并联阵列光照分布如表 3-5 所示。V-I 仿真和实验输出特性曲线如图 3-22 所示，V-P 仿真曲线如图 3-23 所示，局部放大如图 3-24

所示。

☐ **表 3-5　3×3 串并联阵列的光照分布**

照度分布	模块总数	G_1 模块数	G_2 模块数	G_3 模块数
P1	3	1	1	1
P2	3	0	3	0
P3	3	3	0	0

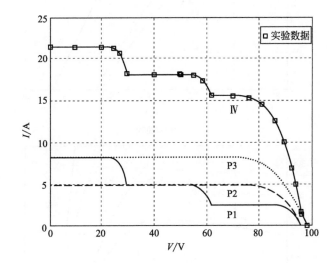

图 3-22　多照度下 3×3 串并联阵列 V-I 仿真和实验曲线

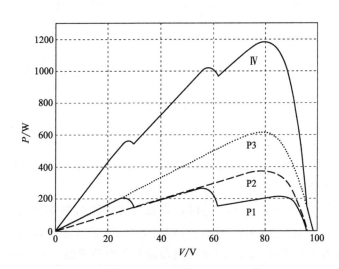

图 3-23　多照度下 3×3 串并联阵列 V-P 仿真曲线

根据表 3-5 串并联阵列照度分布，将电压区间分为 $[0, V_{oc3} + V_{oc2} + V_{oc1}]$、

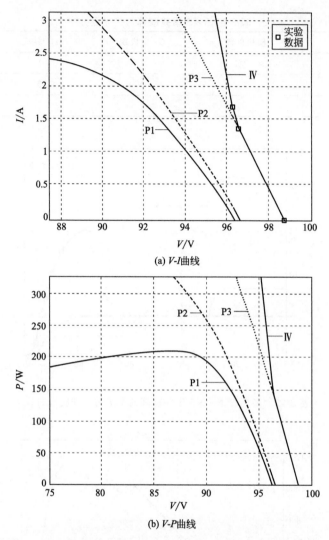

(a) $V\text{-}I$曲线

(b) $V\text{-}P$曲线

图 3-24　多照度下 3×3 串并联阵列仿真和实验曲线放大图

$(V_{oc3}+V_{oc2}+V_{oc1}，3V_{oc2}]$、　$(3V_{oc2}，3V_{oc1}]$ 3 个区间。由图 3-22、图 3-23 和图 3-24可得如下结论。

① 当 $U\in[0,V_{oc3}+V_{oc2}+V_{oc1}]$时，阵列所有模块对外输出功率，P1 支路的3 个电流区间 $[0，I_{cs3}]$、$(I_{cs3}，I_{cs2}]$、$(I_{cs2}，I_{cs1}]$ 由 3 段实线表示的曲线组成，具有 3 个局部最大功率点，P2 和 P3 支路都是有 1 个照度的"---"线和"…"线的单峰曲线。曲线Ⅳ为 3 段曲线的物理叠加，局部功率值由 P1 支路电流区间确定，I_m 与 I_{cs}关系满足式(3-5)。

② 当 $U\in(V_{oc3}+V_{oc2}+V_{oc1}，3V_{oc2}]$时，由于阻塞二极管截止，P1 支路不对外

输出功率，由局部放大图 3-24 可见，P1 支路在此区间没有输出，P2、P3 和Ⅳ分别对应实线、"---" 线和实线表示的曲线。

③ 当 $U \in (3V_{oc2}, 3V_{oc1}]$ 时，仅有 P3 支路对外输出功率，P3 支路和Ⅳ输出相等，曲线在此区间重合，由实线表示。

④ 整个阵列输出Ⅳ由 5 段曲线组成，其中，3 个输出电压区间确定 3 段曲线，具有 3 个转折点，转折点为电压区间端点。阵列开路电压由阵列最大照度决定为 $3V_{oc1}$，最大功率点位于第 1 个电压区间。3 个局部最大功率点分别是 $P_{m11} = 563.0375W$，P_{m11}（28.0246V，20.0908A）；$P_{m12} = 1018.8031W$，P_{m12}（58.3648V，17.4558A）；$P_{m13} = 1181.4217W$，P_{m13}（80.3875V，14.6966A）。所在支路电压区间为 $[0, V_{oc3}]$、$(V_{oc3}, V_{oc2}+V_{oc1}]$、$(V_{oc2}+V_{oc1}, V_{oc3}+V_{oc2}+V_{oc1}]$，仍然满足关系 $V_m = (0.8 \sim 1) V_{oc}$。曲线Ⅳ是 P1、P2 和 P3 支路输出的叠加，输出在一定电流范围内表现出串联特性，形状趋近于曲线 P1；在一定电压范围内表现出并联特性。整个仿真结论验证了 3.4.2 节串并联阵列理论分析的正确性。

由最大功率点分布可知，阵列结构和照度分布直接影响光伏阵列最大输出功率和输出曲线形状，相同照度和分布时，并联阵列功率输出呈现单峰特性，相比串联阵列更易于最大功率点跟踪。串并联阵列的每个并联支路照度相同时，阵列能够最大限度地输出功率，输出特性接近单一照度下的单峰特性，也更易于最大功率点跟踪控制。

3.6　本章小结

本章针对单一照度和多照度环境下基于精细化的七参数光伏模块模型对光伏阵列的输出特性进行分析和研究，以串联阵列、并联阵列和串并联阵列为研究对象，采用工作状态分析法分别建立了光伏阵列分段函数模型和单一照度下的阵列等效电路模型，在 MATLAB 环境下采用 Simulink 和 m 文件建立了基于数学模型和等效电路模型相结合的混合仿真模型。通过实验数据和 MATLAB 仿真进行理论验证和结果分析，得出了光伏阵列在各种环境下的输出特性和最大功率点的分布规律。

实验分析的主要结论如下。

① 多照度水平下，光伏阵列中旁路二极管和阻塞二极管的存在使输出功率为多峰值（多线段）曲线，数学模型为分段函数。

② 根据照度水平 L 将串联阵列输出电流划分为 L 个区间，推导出具有 L 段函数组成 V-I 特性的数学模型。照度水平决定功率局部峰值点的个数，峰值点分布可由理论公式进行区间预测，在电流区间上满足关系：$I_m = (0.8 \sim 1) I_{cs}$，而全局最

大功率点位置与照度分布及模块数目相关。

③ 根据照度水平 L 将并联阵列的输出电压划分为 L 个区间，输出曲线接近于单一照度，照度水平决定了线段组成，具有单峰特性，V_m 与 V_{oc} 关系基本满足 $V_m = (0.8 \sim 1)V_{oc}$。

④ 串并联阵列以电流和电压为基础，先根据并联电路电压相等，由照度分布划分电压区间，再由各支路照度分布划分电流区间，各个照度不同的串并联支路组成串并联阵列，在一定电流范围内表现出串联特性，一定电压范围内表现出并联特性。

参考文献

[1] Shah N S, Patel H H. Evaluating the output power of a PV system under uniform and non-uniform irradiance [C]//Internatinal Conference on Power and Embedded Drive Control, 2017. Chennai, India, 2017: 128-133.

[2] Zhu H L, Yu C, Lu L X. Research on Parameter Distribution Features of Photovoltaic Array under the Cover and Shadow Shading Conditions [J]. International Journal of Photoenergy, 2018: 1-14.

[3] Yang Y P, Yang Y, Wang J S. Research on Multi-peak Output Characteristics of Photovoltaic (PV) System Based on Piecewise Model [C]//29th Chinese Control And Decision Conference (CCDC), 2017. Chongqing, China, 2017: 2322-2327.

[4] 戚军, 张晓峰, 张有兵, 等. 考虑阴影影响的光伏阵列仿真算法研究 [J]. 中国电机工程学报, 2012, 32 (32): 131-138.

[5] 孙英云, 侯建兰, 李润. 基于隐互补问题的光伏阵列模型及其求解算法 [J]. 中国电机工程学报, 2014, (34): 6066-6073.

光伏模块单一照度下改进的扰动寻优MPPT算法研究

4.1 概述

由 2.2.3 节参数对模块输出特性的影响可知，模块输出特性受外界环境参数 T、G 以及内部特性参数 I_{pv}、I_o、R_s 和 R_p 影响，具有强烈的非线性。当给定模块时输出功率与 T、G 有关外，还与连接负载密切相关，因此需要采用外加电路和控制策略对输出功率进行控制，使模块输出最大功率。

单个模块受光面积小，通常认为工作在单一照度下，输出 V-P 为单峰曲线。单一照度下模块 MPPT 控制算法，有早期的电导增量法、迭代比较法、扰动观测法、恒定电压跟踪法、数学模型法等，还有在此基础上的改进算法，如改进变步长扰动观察法[1,2]、改进变步长电导增量法[3,4]、电导增量法与恒定电压法结合[5,6]、扰动观测法与智能算法结合[7]等，以及智能算法，如模糊控制法、神经网络算法[8]等。上述算法各有优点，又存在着自身难以克服的局限性，对其改进往往成本高，实现难度大，因此 MPPT 方法还有待继续完善，控制手段需要进一步提高。而采用多种控制方法相结合是 MPPT 方法发展的新趋势，将上述具有优势互补的多种算法相结合进行控制设计可以兼顾优点，达到事半功倍的效果。

本章将在第 2 章基于精细化的七参数光伏模块模型及输出特性分析的基础上，研究单一照度下光伏模块最大功率点跟踪算法。在不额外增加实现电路硬件的基础上，提出一种基于简化梯度法与功率预测相结合的扰动寻优法进行 MPPT，并在 MATLAB/Simulink 环境下建立 MPPT 控制系统仿真模型。

4.2 MPPT 控制系统组成

典型的 MPPT 控制系统包括光伏阵列、MPPT 算法及脉冲宽度调制（Pulse Width Modulation，PWM）模块、直流-直流变换器（Direct Current-Direct Current Converter，DC-DC）变换器[9]，MPPT 控制系统组成如图 4-1 所示。

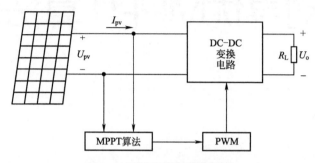

图 4-1　MPPT 控制系统组成

光伏阵列输出电压 U_{pv} 和电流 I_{pv}，MPPT 算法单元主要是设计最大功率点跟踪控制算法，PWM 单元输出控制信号，驱动后级 DC-DC 变换电路。DC-DC 变换器连接光伏阵列与负载 R_L，实现光伏阵列输出电压变换，同时承担可变负载功能，与 MPPT 算法相结合来实现最大功率点跟踪。

4.2.1 MPPT 跟踪原理

光伏阵列 MPPT 过程实质是使阵列输出阻抗和负载阻抗相匹配的过程，光伏阵列功率输出电路如图 4-2 所示。

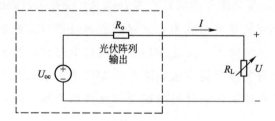

图 4-2　光伏阵列功率输出电路

光伏阵列输出电压为 U_{oc}，输出阻抗为 R_o，负载阻抗 R_L 的输出功率为

$$P = R_L I^2 = \frac{R_L U_{oc}^2}{(R_L + R_o)^2} \tag{4-1}$$

根据电路原理，欲求阵列输出最大功率点 $P_{\max}$，需要满足：

$$\frac{\mathrm{d}P}{\mathrm{d}R_\mathrm{L}}=\frac{R_\mathrm{L}U_\mathrm{oc}^2}{(R_\mathrm{L}+R_\mathrm{o})^2}/\mathrm{d}R_\mathrm{L}=\frac{(R_\mathrm{o}-R_\mathrm{L})U_\mathrm{oc}^2}{(R_\mathrm{L}+R_\mathrm{o})^3} \tag{4-2}$$

当 $\mathrm{d}P/\mathrm{d}R_\mathrm{L}=0$，即 $R_\mathrm{o}=R_\mathrm{L}$ 时，负载获得最大功率 $P_{\max}$：

$$P_{\max}=U_\mathrm{oc}^2/4R_\mathrm{o} \tag{4-3}$$

输出阻抗 R_o 与负载阻抗 R_L 相等时，称为电源负载匹配，光伏阵列输出最大功率，否则称为失配状态，造成能量损失。光伏阵列输出等效阻抗定义为最大功率点电压 U_m 与电流 I_m 之比，即

$$R_\mathrm{o}=U_\mathrm{m}/I_\mathrm{m} \tag{4-4}$$

应用中，由于 R_o 随外界环境参数变化而变化，需要通过控制方法来实现对 R_L 的实时调节，使两者变化一致，因此在 MPPT 过程中需要一个特定的变化负载 R_L 来匹配 R_o。

MPPT 负载匹配如图 4-3 所示。曲线 A 和曲线 B 为其他参数固定，照度为 G_1 和 G_2，且 $G_1>G_2$ 时阵列的 $V\text{-}I$ 曲线，图中阵列负载特性用一条过原点的电阻特性直线表示，分别与曲线 A、B 相交于 A1 和 B1。照度为 G_1 时，工作点 A1 为最大功率点，此时模块 $V\text{-}I$ 特性与负载电阻特性相匹配，当照度降低至 G_2 时，如果负载外特性不变，电路实际工作点会移到曲线 B 的 A2 位置，远离了曲线 B 实际最大功率点 B1 处，因此需要进行相应的阻抗匹配控制，使阻抗负载的 $V\text{-}I$ 曲线下移为负载 2，使电路实际工作点移到 B1 处。如果此时照度又增加到 G_1，在负载外特性不变的情况下，工作点移到 B2 位置，显然远离了实际最大功率点 A1，需要再次进行阻抗匹配，使负载 $V\text{-}I$ 曲线移至负载 1 的位置，保证运行在最大功率点。

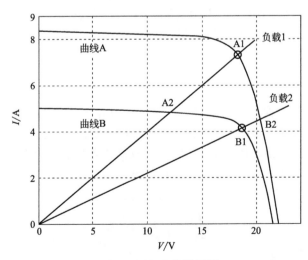

图 4-3 MPPT 负载匹配

光伏发电系统中负载固定，不能通过改变负载阻抗大小实现阻抗匹配。这就需要将光伏系统中 DC-DC 变换器和实际负载作为一个等效负载来考虑，通过改变

DC-DC 变换器的占空比来控制等效负载大小，使之与不同环境下光伏阵列的输出阻抗 R_o 相匹配，实现最大功率点跟踪。

4.2.2 Boost 电路

MPPT 控制系统中，采用 Boost 电路进行 DC-DC 变换，并与 R_L 共同作为可变负载，Boost 变换电路如图 4-4 所示[10]。

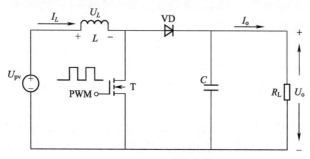

图 4-4　Boost 变换电路

图 4-1 中光伏阵列输出电压 U_{pv} 作为 Boost 电路的电源。根据开关管 T 的状态，Boost 电路工作过程分为开关导通状态和截止状态。T 导通时，二极管 VD 截止，光伏电源 U_{pv} 给电感 L 供电，同时电容 C 向负载 R_L 供电，导通时间为 T_{on}，电感电压 $U_L = U_{pv}$，电感 L 的能量是 $U_{pv} I_L T_{on}$；T 断开时，断开时间为 T_{off}，因为电感中电流不能突变，迫使 VD 导通，光伏阵列和电感串联向 R_L 供电，并向 C 充电，电感 L 释放能量为 $(U_{pv} - U_o) I_L T_{off}$，电路处于稳态时：

$$(U_{pv} - U_o) I_L T_{off} + U_{pv} I_L T_{on} = 0 \tag{4-5}$$

$$\frac{U_o}{U_{pv}} = \frac{1}{1 - D}$$

$$U_o = \frac{U_{pv}}{1 - D} \tag{4-6}$$

式中，D 为开关管 T 的占空比，$D = T_{on}/(T_{on} + T_{off})$，$D$ 取值为 $0 < D < 1$。

由此可知，改变 Boost 电路开关控制信号的占空比即可控制电路输出电压。

假设理想升压电路转换效率为 100%，忽略内部阻抗，其负载为 R_L，光伏阵列输出功率等于负载功率，并由式(4-6) 可得：

$$U_{pv} I_{pv} = U_o I_o$$

$$\frac{I_o}{I_{pv}} = \frac{U_{pv}}{U_o} = 1 - D \tag{4-7}$$

Boost 电路等效电阻：

$$R_{eq} = \frac{U_{pv}}{I_{pv}} = \frac{U_o(1-D)}{I_o/(1-D)} = \frac{U_o}{I_o}(1-D)^2$$

$$= R_L(1-D)^2 \tag{4-8}$$

由式(4-8)可知，等效阻抗 R_{eq} 值由 R_L 和 D 决定，光伏阵列接入负载后，负载基本保持不变，因此，调节 Boost 电路开关占空比 D，可以改变 R_{eq} 大小，使之与阵列输出阻抗相匹配，阵列输出最大功率。

4.2.3　MPPT 控制系统建模

（1）MPPT 控制模块建模

MPPT 控制模块是实现 MPPT 控制系统的主要部分，该部分根据光伏阵列的输出，利用 MPPT 算法来控制 Boost 电路的占空比，实现 PWM 脉宽调制输出信号对 Boost 电路开关管开通和截止的驱动控制。因此，这一部分包括 MPPT 算法和 PWM 实现两部分，MPPT 算法仿真模型如图 4-5 所示。输入 V 和 I 为光伏模块当前的电压和电流，"Memory1" 和 "Memory2" 保存上一时刻的 V 和 I，"Memory" 保存上一时刻的占空比。"Memory" 具有记忆延迟功能，用来保存上一时刻的参数值，并作为下一个周期比较的输入值。"Repeating Sequence" 是三角波信号，与 MPPT 算法控制信号比较后，输入 "Switch"，"Switch" 输出 PWM 信号驱动 DC-DC 电路。基于简化梯度法与功率预测算法相结合的 MPPT 控制算法程序由图 4-5 中的 fcn 函数来实现，函数产生合适的占空比脉冲来控制 Boost 变换器，使负载阻抗和输入阻抗相匹配，实现 MPPT。

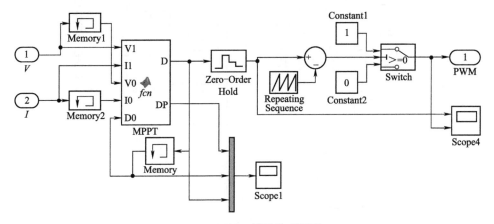

图 4-5　MPPT 算法仿真模型

（2）MPPT 仿真系统建模

由上述 Boost 变换电路和 MPPT 算法仿真模型建立 MPPT 控制系统的 MAT-LAB/Simulink 仿真模型，实现 MPPT 算法仿真，如图 4-6 所示。以光伏模块为电源，用阶跃信号来模拟照度 S 和温度 T 的变化，电流、电压测量模块用来采集光伏模块的 I_{pv} 和 V_{pv} 及 MPPT 完成后系统的 P 和 U_o，Boost 电路所带 R 为电阻负载。

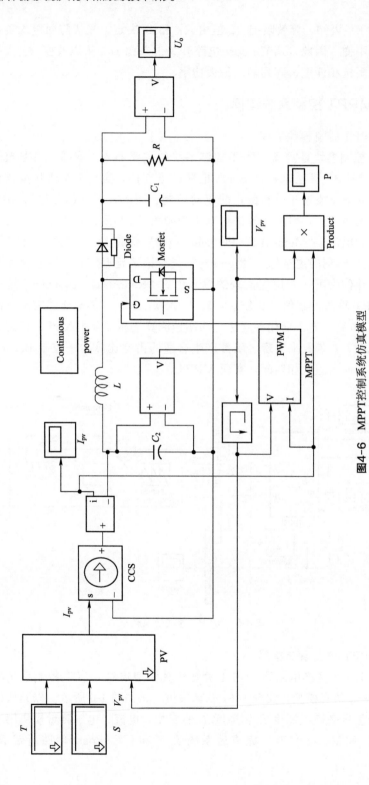

图4-6 MPPT控制系统仿真模型

4.3　基于简化梯度法与功率预测相结合的 MPPT 算法

4.3.1　简化梯度法

（1）最优梯度法原理

最优梯度法是一种以快速下降法为基础的无约束最优化问题数值计算方法，它将目标函数负梯度方向作为迭代搜索方向，逐步逼近函数最小值。对于光伏阵列MPPT 而言，应将目标函数正方向作为迭代的搜索方向，逐步逼近函数最大值[11]。

最优梯度定义如下。

在欧氏空间的 n 维目标函数 $f(x)$ 连续，且在 x_k 点附近一阶可微，则存在一个 n 维向量 $\nabla f(x_k)$，令 $\boldsymbol{g}_k = \nabla f(x_k) \neq 0$。

将 $f(x)$ 进行泰勒展开：

$$f(x) = f(x_k) + \boldsymbol{g}_k^{\mathrm{T}}(x - x_k) + o(\parallel x - x_k \parallel) \tag{4-9}$$

令 $x - x_k = a_k \boldsymbol{d}_k$，则式(4-9) 变为

$$f(x_k + a_k \boldsymbol{d}_k) = f(x_k) + \boldsymbol{g}_k^{\mathrm{T}} a_k \boldsymbol{d}_k + o(\parallel a_k \boldsymbol{d}_k \parallel) \tag{4-10}$$

式中，a_k 为增量系数，如果 $\boldsymbol{d}_k$ 满足 $\boldsymbol{g}_k^{\mathrm{T}} \boldsymbol{d}_k < 0$，则有

$$f(x_k + a_k \boldsymbol{d}_k) < f(x_k)$$

迭代为下降方向，在 a_k 一定的情况下，$\boldsymbol{g}_k^{\mathrm{T}} \boldsymbol{d}_k$ 越大，$f(x)$ 在 x_k 位置下降速度越快。

根据 Cauchy-Schwartz 不等式

$$|\boldsymbol{g}_k^{\mathrm{T}} \boldsymbol{d}_k| \leqslant \parallel \boldsymbol{g}_k \parallel \parallel \boldsymbol{d}_k \parallel \tag{4-11}$$

当 $\boldsymbol{d}_k = -\boldsymbol{g}_k^{\mathrm{T}}$ 时，$-\boldsymbol{g}_k^{\mathrm{T}} \boldsymbol{d}_k$ 达到最小，$-\boldsymbol{g}_k$ 为最优梯度方向，迭代公式为

$$x_{k+1} = x_k - a_k \boldsymbol{g}_k \tag{4-12}$$

光伏模块 P-V 特性曲线为非线性函数，MPPT 最大功率点即为求解 P-V 曲线的最大值。模块输出电压是一定区间内的有界值，符合最优梯度法的适用范围，可用于光伏模块全局 MPPT。

由 2.2.2 节式(2-8) V-I 关系，可得模块输出功率 P：

$$P = IV = \left\{ I_{\mathrm{pv}} - I_{\mathrm{o}} \left[\exp\left(\frac{V + R_{\mathrm{ms}} I}{V_{mT}}\right) + \exp\left(\frac{V + R_{\mathrm{ms}} I}{2 V_{mT}}\right) - 2 \right] - \frac{V + R_{\mathrm{ms}} I}{R_{\mathrm{mp}}} \right\} V$$

若要通过迭代计算逐次逼近 P-V 曲线的最大值，需要将负梯度方向变为正梯度方向，因此，迭代算法修改为

$$x_{k+1} = x_k + a_k \boldsymbol{g}_k \tag{4-13}$$

将自变量 x 替换为模块输出电压 V，则有

$$V_{k+1} = V_k + a_k \boldsymbol{g}_k \tag{4-14}$$

功率函数 $P(V)$ 为非线性函数，一阶连续可微，以电压作为唯一变量，求电压梯度 $\boldsymbol{g}_k$：

$$\boldsymbol{g}_k = \nabla P(V_k) \frac{\mathrm{d}P(V)}{\mathrm{d}V}\bigg|_{V=V_k} \tag{4-15}$$

得到正梯度 $\boldsymbol{g}_k$ 为

$$
\begin{aligned}
\boldsymbol{g}_k &= \frac{\mathrm{d}P(V)}{\mathrm{d}V}\bigg|_{V=V_k} \\
&= \left\{
\begin{array}{l}
I_{\mathrm{pv}} - I_\mathrm{o}\left[\exp\dfrac{(V+R_{\mathrm{ms}}I)}{V_{mT}} + \exp\dfrac{(V+R_{\mathrm{ms}}I)}{2V_{mT}} - 2\right] - \dfrac{V+R_{\mathrm{ms}}I}{R_{\mathrm{mp}}} \\
-I_\mathrm{o}V\left[\exp\dfrac{(V+R_{\mathrm{ms}}I)}{V_{mT}} + \exp\dfrac{(V+R_{\mathrm{ms}}I)}{2V_{mT}}\right] - \dfrac{V+R_{\mathrm{ms}}I}{R_{\mathrm{mp}}} - \dfrac{V}{R_{\mathrm{mp}}}
\end{array}
\right\}\Bigg|_{V=V_k}
\end{aligned}
\tag{4-16}
$$

通过 $\boldsymbol{g}_k$ 值来确定搜索方向，$\boldsymbol{g}_k > 0$ 时，搜索方向沿 V 轴正方向趋近最大功率点；$\boldsymbol{g}_k < 0$ 时，搜索方向沿 V 轴负方向趋近最大功率点。由式（4-16）可见，该方法运算复杂，计算量大，影响系统响应速度，而且需要光照传感器和温度传感器来测量 G 和 T，增加了系统硬件成本。因此，需要对最优梯度法进一步简化。

（2）简化梯度法原理

确定了搜索变量 V 后，对最优梯度法简化和改进可以从梯度 $\boldsymbol{g}_k$ 和步长 a_k 两个变量来进行。

① 梯度 $\boldsymbol{g}_k$ 简化如下。

将模块当前周期的输出电压和电流分别记为 V_k 和 I_k，按照特定步长 a_k 采样下一周期的电压和电流，记为 V_{k+1} 和 I_{k+1}，$\boldsymbol{g}_k$ 可近似表示为

$$\boldsymbol{g}_k = \frac{V_{k+1}I_{k+1} - V_kI_k}{V_{k+1} - V_k} \tag{4-17}$$

$\boldsymbol{g}_k > 0$，表示当前工作点位于最大功率点左侧，应增加工作点电压，增加步长为 a_k；$\boldsymbol{g}_k < 0$，表示当前工作点位于最大功率点右侧，应减小工作电压，减小步长为 a_k，迭代公式为

$$V_{k+2} = V_{k+1} + a_k \boldsymbol{g}_k \tag{4-18}$$

由式（4-17）可知，简化的 $\boldsymbol{g}_k$ 可以大幅减少计算量，降低系统的复杂程度，而且不需要在一个周期内检测光伏模块 G 和 T 的值，提高了系统跟踪速度。

② 步长 a_k 改进如下。

式（4-14）中 a_k 为常数，恒正。当光伏模块某个时刻工作在离最大功率点较远的左侧时，梯度较大，需要较大的 a_k 值，使电压大幅度增加，快速地靠近最大功率点；若工作点在离最大功率点较远的右侧，a_k 值较大，可以大幅度减小电压，快速地靠近最大功率点。因此，对 a_k 进行改进，使其由恒值变为随 $\boldsymbol{g}_k$ 变化的函数。

选取玻尔兹曼函数作为 a_k 随 $\boldsymbol{g}_k$ 变化的函数：

$$a_k = 1 - \frac{1.2}{1 + \exp(\boldsymbol{g}_k / \tau)} \tag{4-19}$$

式中，τ 为时间常数，$\tau = 3$。$\boldsymbol{g}_k$ 值趋于无穷大时，a_k 值接近于 1；$\boldsymbol{g}_k$ 值趋于无穷小时，a_k 值接近于 -0.2。当模块 P-V 曲线的梯度 $\boldsymbol{g}_k < 0$ 时，a_k 迅速小于 0，且 $a_k < 0$ 后变化缓慢；反之，当 $\boldsymbol{g}_k > 0$ 时，$a_k > 0$ 后变化较快，因此通过对 a_k 改进，可以提高系统的跟踪精度。

简化梯度法将复杂的连续域求导近似到离散域一阶差分法求解，降低了计算量，简化了设备，近似带来的误差可以通过调整初始化步长来改善。简化梯度法步长大小与 dP/dV 值成正比，在最大功率跟踪初始阶段，dP/dV 变化较大，可采用大步长来满足 MPPT 快速性要求；接近最大功率点时，dP/dV 变化很小，可采用小步长来满足 MPPT 稳定性要求。但在照度变化较快时，仍然存在误判问题。

4.3.2　误判分析与功率预测

（1）误判分析

温度和照度变化时，特别是照度快速变化时，模块 P-V 曲线也变化很大，造成扰动寻优法误判，误判分析如图 4-7 所示。

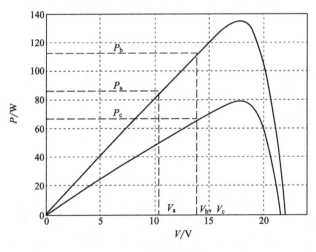

图 4-7　误判分析

当光照强度不变时，电压扰动向右增加，即从 V_a 到 V_b，功率增大，$P_b > P_a$，扰动方向不变，电压继续向右增加；当照度在 V_b 时刻突然减小时，电压向右扰动，即从 V_a 到 V_c，功率减小，$P_c < P_a$，接下来电压扰动方向会向左，减小电压。如果照度不断减小，电压会随之不断向左移动，导致离最大功率点越来越远，从而失去对最大功率点的跟踪控制能力。

（2）功率预测方法

由图 4-7 可知，当照度变化较快时，工作点序列不是落在单一曲线上，而是位于不同曲线上，造成扰动后 ΔP 值增大，使 dP/dV 值瞬时增大，若仍依据单一特性曲线进行判别，误判现象明显，因此可采用对多条特性曲线进行预估计，即通过预测方法获得同一照度下 $P\text{-}V$ 特性曲线上电压扰动前的工作点功率，利用该功率和同一照度下 $P\text{-}V$ 曲线上电压扰动后检测的工作点功率相比较，就可以实现基于功率预测扰动寻优法的 MPPT。功率预测法工作原理如图 4-8 所示[6]。

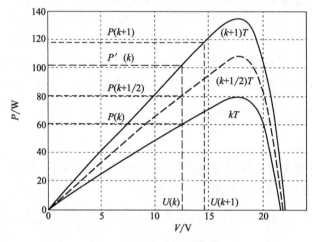

图 4-8 功率预测法工作原理

当系统采样频率足够高时，可以假定一个采样周期中照度变化速率恒定，令 kT 时刻的电压为 $U(k)$，测得功率为 $P(k)$，此时不对参考电压施加扰动，而在 kT 时刻后的半个采样周期 $(k+1/2)T$ 时刻增加一次功率采样 $P(k+1/2)$，由于光照强度均匀变化，则功率也应均匀变化，那么基于一个采样周期的预测功率 $P'(k)$ 为

$$P'(k)=2[P(k+1/2)-P(k)]+P(k)=2P(k+1/2)-P(k) \tag{4-20}$$

然后，在 $(k+1)T$ 时刻加上一个电压扰动，测得 $(k+1)T$ 时刻电压 $U(k+1)$ 处的功率为 $P(k+1)$，$P(k+1)$ 及 kT 时刻的预测功率 $P'(k)$ 理论上是同一照度下 $P\text{-}V$ 特性曲线上电压扰动前后的两个工作点功率，每加一个电压扰动后，只需比较扰动前预测功率值 $P'(k)$ 和扰动后功率值 $P(k+1)$。因此保证了光照突变时，$(k+1)T$ 时刻检测功率 $P(k+1)$ 及 kT 时刻预测功率 $P'(k)$ 在同一条 $P\text{-}V$ 曲线上，从而消除误判现象。

4.3.3　仿真验证

（1）实验和算法流程图

由 4.3.1 节和 4.3.2 节分析得到简化梯度法与功率预测相结合的扰动寻优法

MPPT 算法，用 MATLAB 的 m 文件编程实现，流程图如图 4-9 所示。其中 $E1$ 为预测功率变化允许误差，$E2$ 为最大功率允许误差。

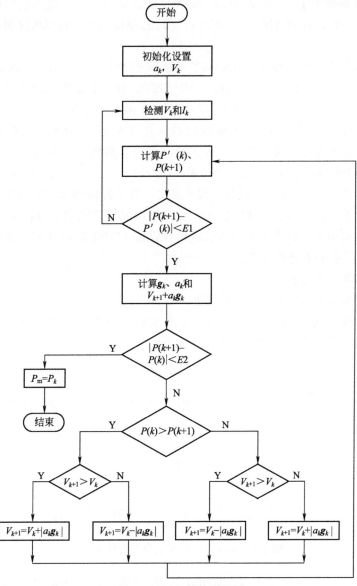

图 4-9　MPPT 算法流程图

算法输入与输出如下。

① 输入：目标函数 $P(V)$、梯度函数 $g(V)$，精度 $E2$。

② 输出：$P(V)$ 极值 $V=V_{\mathrm{m}}$。

算法流程如下。

① 取初始值 V_0，$k=0$。

② 检测 V_k、I_k 的值。

③ 计算 $P'(V_k)$、$P(V_{k+1})$，判断是否光照突变，如有突变，回到②。

④ 计算梯度值 g_k，当 $|g_k| < e$（e 为梯度设定最小值）或者达到最大迭代次数时，迭代停止，否则按照 $V_{k+2} = V_{k+1} + a_k g_k$ 继续迭代，直到精度满足为止，输出最大功率。

采用 3.5.1 节中型号为 KG200GT 的光伏模块模型，Boost 电路选定参数为 $C_1 = 300\mu\text{F}$，$C_2 = 200\mu\text{F}$，$L = 10\text{mH}$，$R = 20\Omega$，在 4.2.3 节 MPPT 仿真系统模型上进行仿真验证，算法程序对应图 4-5 中的 fcn 函数来实现。

光伏模块温度 $T = 25℃$，光照强度 $G = 1000\text{W/m}^2$，设置仿真时间 $t = 0.6\text{s}$，温度不变，光照强度为周期 $T = 0.2\text{s}$ 的方波信号，阶跃变化为 $G = 600\text{W/m}^2$。理论上，$G = 1000\text{W/m}^2$ 时，$P_m = 200\text{W}$，$V_m = 26.3\text{V}$；$G = 600\text{W/m}^2$ 时，$P_m = 121.77\text{W}$，$V_m = 25.99\text{V}$。通过对比验证算法，对比算法的选用是基于需要相同硬件电路基础上的固定步长扰动观察法。首先采用固定步长扰动寻优法 MPPT 进行仿真；然后采用基于功率预测变步长扰动寻优法 MPPT 进行仿真，将两者追踪效果进行对比，验证算法的正确性。

（2）仿真结果分析

①固定步长的扰动寻优法分析如下。

当扰动步长为 step＝0.001V 时，定步长扰动寻优法 MPPT 如图 4-10 所示，MPPT 时间局部放大图和功率振荡局部放大图如图 4-11 和图 4-12 所示。

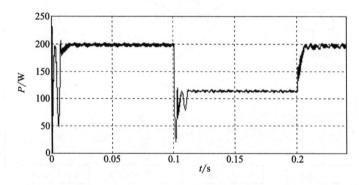

图 4-10　step＝0.001V 扰动寻优法 MPPT

在第 1 个照度变化周期内，时间从 $t = 0\text{s}$ 开始，输出功率 P 波动很大，需要经过 0.05s 输出达到最大功率 $P_m = 200\text{W}$，在 P_m 附近做振幅约为 2W 的上下振动，P_m 波动范围为 198.2～202.2W，功率消耗为 1% 左右。在 $t = 0.1\text{s}$ 时刻，照度变化至 $G = 600\text{W/m}^2$，同样需要大约 0.05s 追踪到最大功率 $P_m = 121.77\text{W}$，并在 P_m 附近 120.2～122.8W 的范围内振荡，$t = 0.1\text{s}$ 和 $t = 0.2\text{s}$ 时刻输出功率有一个明显向下的尖脉冲，这是环境快速变化带来的误判所致，输出功率波动较大。

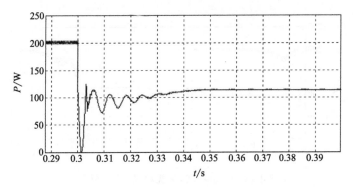

图 4-11　step＝0.001V 扰动寻优法 MPPT 时间局部放大图

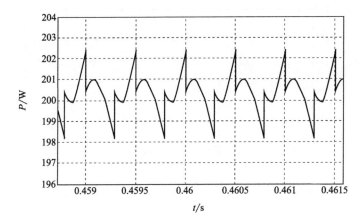

图 4-12　step＝0.001V 扰动寻优法 MPPT 功率振荡局部放大图

　　增大步长，当 step＝0.01V 时，扰动寻优法 MPPT 如图 4-13 所示，MPPT 时间局部放大图如图 4-14 所示，功率振荡局部放大图如图 4-15 所示。在第一个照度变化周期内，从 $t＝0s$ 开始，输出功率同样变化波动很大，但是达到最大功率 $P_m＝200W$ 所用时间只需 0.01s，然后在 P_m 附近做振幅约为 5W 的上下振动，P_m 波动范围为 194～204W，功率消耗为 2.5% 左右。在 $t＝0.1s$ 时刻，照度变化至 $G＝600W/m^2$，同样需要大约 0.01s 的时间追踪到最大功率 P_m，然后在 119～124W 的范围内振荡，当照度突变时同样存在波动和误判。

　　由上述分析可知，当步长较小时（如 step＝0.001V），在最大功率点附近振幅较小，跟踪精度高，但跟踪时间较长（$t＝0.05s$）；而增大步长时（如 step＝0.01V），MPPT 速度显著提高（$t＝0.01s$），但在最大功率点附近振幅增大，甚至造成直接跳过最大功率点的情况，稳态误差较大。采用其他步长值仍然会存在距离最大功率点较远区域搜索时间相对较长的问题，同时也存在曲线在起始阶段和外界环境突变时均有很大的波动，甚至误判的问题。

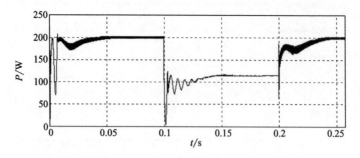

图 4-13 step＝0.01V 扰动寻优法 MPPT

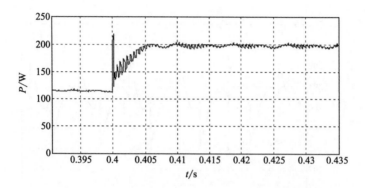

图 4-14 step＝0.01V 扰动寻优法 MPPT 时间局部放大图

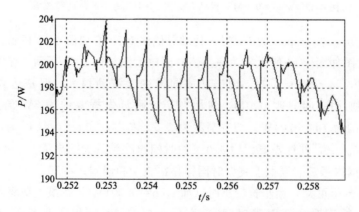

图 4-15 step＝0.01V 扰动寻优法 MPPT 功率振荡局部放大图

② 基于简化梯度法与功率预测法相结合的扰动寻优法分析如下。

简化梯度法在开始或者光照突变时，搜索步长较大，快速地接近最大功率点，然后步长变小，稳定在最大功率点处。基于简化梯度法与功率预测法 MPPT 如

图 4-16 所示，局部放大图如图 4-17 所示。

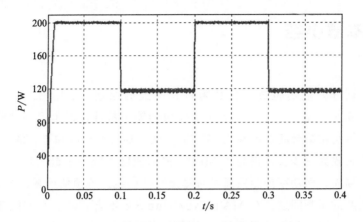

图 4-16 基于简化梯度法与功率预测法 MPPT

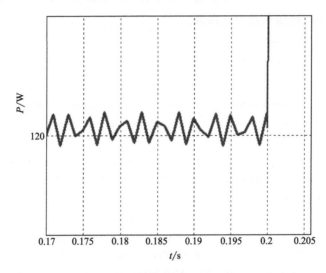

图 4-17 基于简化梯度法与功率预测法 MPPT 局部放大图

t 从 0s 开始，大约在 0.01s 时刻功率达到最大值，追踪迅速，在此期间，功率值稳定增加，消除了原来算法在初始阶段的剧烈波动，动态性能较好，然后在幅值小于 1W 的范围内做小幅振荡，最大功率值稳定在 200W，功率消耗为 0.5％左右，显著提高了功率输出效率和质量。当照度 G 由 1000W/m² 突变为 600W/m² 时，系统同样能够快速追踪到最大功率点 121.77W。由于预测功率算法的应用，有效克服了光照突变带来的误判。由此可见简化梯度法与功率预测相结合的 MPPT 算法兼顾了系统追踪速度和精度，消除了误判，提高了输出功率质量。并且与智能方法（如神经网络法、模糊控制法等）相比，计算方法简单，实现容易，具有更强的实用性。

4.4 本章小结

本章根据阵列输出阻抗与负载阻抗相匹配的原理，采用 Boost 电路设计了 MPPT 控制系统。基于单一照度下光伏模块的输出特性，提出了一种简化梯度法和功率预测算法相结合的扰动寻优 MPPT 方法。通过对梯度和步长的简化和改进，使原来定步长改为变步长，提高了 MPPT 追踪速度，减少了最大功率点附近振荡带来的功率损失。而功率预测法通过对输出特性曲线进行预估计算，有效克服了光照快速变化时的误判问题。在 MATLAB/Simulink 环境下建立了 MPPT 控制系统仿真模型。通过对比仿真结果表明：该算法 MPPT 精度高，追踪速度快，没有误判，振荡小，提高了输出功率的质量和效率，而且实现简单，适用于单一照度下小功率离网光伏系统的最大功率点跟踪。

参考文献

［1］ Mousa H H H, Youssef A R. Variable step size P&O MPPT algorithm for optimal power extraction of multi-phase PMSG based wind generation system ［J］. International Journal of Electrical Power & Energy Systems, 2019, 108: 218-231.

［2］ Youssef A R, Ali A I M, Saeed M S R. Advanced multi-sector P&O maximum power point tracking technique for wind energy conversion system ［J］. International Journal of Electrical Power & Energy Systems, 2019, 107: 89-97.

［3］ Belhimer S, Haddadi M, Mellit A. Design of a Quadratic Boost Converter for a Standalone PV System Based on INC MPPT Algorithm ［C］//1st International Conference on Electronic Engineering and Renewable Energy (ICEERE), 2019. Saidia, MOROCCO, 2019, (519): 447-453.

［4］ Correa Monteiro L F, Freitas C M, Bellar M D. Improvements on the incremental conductance MPPT method applied to a PV string with single-phase to three-phaseconverter for rural grid applications ［J］. Advances in Electrical and Computer Engineering, 2019, 19 (1): 63-70.

［5］ Motahhir S, Chalh A. Development of a low-cost PV system using an improved INC algorithm and a PV panel Proteus model ［J］. Journal of Cleaner Production, 2019, 204: 355-365.

［6］ 卢旭锦, 谢伟彬. 基于恒定电压法结合电导增量法 MPPT 控制策略研究 ［J］. 自动化技术与应用, 2018, 37 (11): 1-5, 14.

［7］ Pilakkat D, Kanthalakshmi S. An improved P&O algorithm integrated with artificial bee colony for photovoltaic systems under partial shading conditions ［J］. Solar Energy, 2019, 178: 37-47.

［8］ Jiang L L, Srivatsan R, Maskell D L. Computational intelligence techniques for maximum power point tracking in PV systems: A review ［J］. Renewable & Sustainable Energy Reviews, 2018, 85: 14-45.

［9］ Das D, Madichetty S, Singh B. Luenberger observer based current estimated Boost converter for PV maximum power extraction-a current sensorless approach [J]. IEEE Journal of Photovoltaics，2019，9 (1)：278-286.

[10] Urtasun A，Samanes J，Barrios E L. Control of a photovoltaic array interfacing current-mode-controlled Boost converter based on virtual impedance emulation [J]. IEEE Transactions on Industrial Electronics，2019，66 (5)：3496-3506.

[11] Li J Y，Wang H H. Maximum power point tracking of photovoltaic generation based on the optimal gradient method [C]//Asia-Pacific Power and Energy Engineering Conference（APPEEC），2009. Wuhan, China，2009：692-695.

第5章

光伏阵列多照度下改进的 Fibonacci搜索MPPT 算法研究

5.1 概述

　　不同于单个光伏模块，光伏阵列受光面积大，通常工作于多照度环境。由第 3 章光伏阵列在多照度下输出特性分析可知，不均匀光照造成阵列输出功率下降，存在多个区间局部功率极值。研究证实，单一照度下 MPPT 方法无法成功和精确地追踪全局功率峰值[1-3]，主要困难包括算法的复杂性、实现成本高和阴影条件下运行时故障[4]。对阴影条件下全局功率峰值识别，每种跟踪方法成本、运行速度和有效范围各有不同[5]。多照度环境下，MPPT 技术分为两大类，一是对现有常规方法改进，在特定条件下能够正确跟踪全局功率峰值[6,7]；二是基于智能算法拓扑，包括基于模糊逻辑 MPPT、人工神经网络和人工蜂群等[8,9]。人工智能算法虽然不依赖光伏阵列数学模型，但依赖于大量运行数据和经验积累，实现电路复杂。为了简化跟踪系统，Kobayashi 和 Irisawa 等人采用了两级最大功率点跟踪控制[10,11]。首先控制系统能在最大功率点处收敛，然后使工作点更接近实际最大功率点，但在某些非均匀光照条件下仍面临跟踪失效的问题。Bekker 提出了利用开路电压沿 $V\text{-}P$ 曲线扫描 MPPT 的方法[12]。文献 [13] 提出了并联双向 DC-DC 变换器的控制拓扑，以减少阴影对其他光伏模块的影响，但仍需要额外硬件成本。

　　本章在第 3 章多照度下光伏阵列多区间分段函数模型和输出特性分析的基础上，设计了一种基于改进的 Fibonacci 搜索 MPPT 方法。通过对 Fibonacci 搜索算法的改进，根据阵列照度分布划分输出电压或电流区间，来定义 Fibonacci 搜索区间，利用分段函数进行多区间极值搜索，然后对比多区间局部极值确定全局最大功率点。该算法与常规扫描方法相比，跟踪时间快、功率损失小；与智能跟踪方法相比，控制拓扑结构简单，能够在阴影和动态变化条件下工作，实现全局最大功率点跟踪。

5.2　Fibonacci 数列搜索算法的改进

5.2.1　Fibonacci 数列搜索原理

若整数数列 $\{F_n\}(n=0,1,\cdots)$ 满足式（5-1）的条件，则称 $\{F_n\}$ 为 Fibonacci 数列。

$$\begin{cases} F_0=F_1=1 \\ F_n=F_{n-2}+F_{n-1} \end{cases} \tag{5-1}$$

式中，F_n 为第 n 个 Fibonacci 数。相邻两个 Fibonacci 数之比 F_{n-1}/F_n 为 Fibonacci 分数。当用 Fibonacci 数列的 n 个探测点来缩短某一区间时，区间长度第一次缩短率为 F_{n-1}/F_n，其后各次分别为 F_{n-3}/F_{n-2}，$\cdots$，F_1/F_2。设 $f(t)$ 在区间 $t=[a,b]$ 上是单调函数，存在唯一的极值点 P，使得 $f(t)$ 在 $[a,P]$ 上单调递增，$[P,b]$ 上单调递减，以此约束迭代和改变搜索范围来获得极值点[14]。

设单峰函数 $f(t)$，Fibonacci 数列搜索一维单变量函数极值的步骤如下。

（1）选取初始数据

确定搜索区间 $[a,b]$，搜索精度 $\delta(\delta>0)$，计算搜索次数 n。

$$(b-a)/F_n<\delta \tag{5-2}$$

（2）第 1 次迭代

在区间 $[a,b]$ 内选择初始探测点 t_1 和 t_2，满足 $t_1<t_2$，且

$$\begin{cases} \dfrac{t_1-a}{b-a}=\dfrac{F_{n-2}}{F_n} \\[2mm] \dfrac{t_2-a}{b-a}=\dfrac{F_{n-1}}{F_n} \end{cases} \tag{5-3}$$

进一步变换可得：

$$\begin{cases} t_1=a+\dfrac{F_{n-2}}{F_n}(b-a)=b+\dfrac{F_{n-1}}{F_n}(a-b) \\[2mm] t_2=a+\dfrac{F_{n-1}}{F_n}(b-a)=b+\dfrac{F_{n-2}}{F_n}(b-a) \end{cases} \tag{5-4}$$

由式（5-4）可得：$t_1-a=b-t_2$，即区间 $[t_2,b]$ 与 $[a,t_1]$ 长度相等。

（3）函数计算

Fibonacci 搜索原理如图 5-1 所示。计算函数 $f(t_1)$ 和 $f(t_2)$，有以下两种情况。

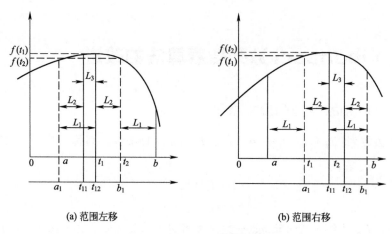

(a) 范围左移　　　　　　　　　(b) 范围右移

图 5-1　Fibonacci 搜索原理

① 若 $f(t_1) \geqslant f(t_2)$，消去区间 $(t_2, b]$，搜索区间左移，在区间 $[a, t_2]$ 内令 $a_1 = a$，$b_1 = t_2$，计算新探测点 t_{11}：

$$\begin{cases} t_{12} = t_1 \\ t_{11} = a_1 + \dfrac{F_{n-2}}{F_n}(b_1 - a_1) \end{cases} \tag{5-5}$$

② 若 $f(t_1) \leqslant f(t_2)$，消去区间 $[a, t_1]$，搜索区间右移，在区间 $[t_1, b]$ 内令 $a_1 = t_1$，$b_1 = b$，计算新探测点 t_{12}：

$$\begin{cases} t_{11} = t_1 \\ t_{12} = a_1 + \dfrac{F_{n-1}}{F_n}(b_1 - a_1) \end{cases} \tag{5-6}$$

Fibonacci 数列取值为 $F_n = L_1$，$F_{n-1} = L_2$，$F_{n-2} = L_3$。

（4）迭代判断

经过 k 次更新迭代，搜索区间会越来越接近极值点，根据设定区间精度或者两个探测点函数差值 δ 来判断是否达到极值点。若满足 $|f(t_{1k}) - f(t_{2k})| > \delta$，继续计算 $f(t_{1(k+1)})$ 和 $f(t_{2(k+1)})$，重复步骤（3），直到函数满足 $|f(t_{1k}) - f(t_{2k})| \leqslant \delta$ 时，搜索结束。

（5）求出极值

搜索结束时，满足 $k \leqslant n-2$，极值点所在区间变为 (a_k, b_k)。

令 $f(t_k) = \max[f(t_{1k}), f(t_{2k})]$，$f(t_k)$ 即为搜索区间最大值。

Fibonacci 数列经过有限次迭代计算得到极值点的近似值。每次迭代时，1 个探测点会在下一次迭代中保留，只需计算 1 个探测点函数值，进行一次区间缩减，新区间长度会变为原来的 F_{n-1}/F_n，开始时缩减区间较大，越接近极值点缩减区间越小，最后稳定在最优值，作为变步长搜索方法，寻优速度和精度都很理想。

5.2.2　Fibonacci 搜索存在的问题和改进措施

（1）问题分析

单一照度下，光伏阵列 V-P 曲线是以输出最大功率点处的电压为界，左侧单调递增，右侧单调递减的单峰曲线，满足 Fibonacci 数列应用条件。将 Fibonacci 搜索算法应用于 MPPT，变量 t 可以是光伏阵列输出 V、I，或者 Boost 变换电路占空比 D，函数 $f(t)$ 为阵列输出功率 P。该算法不能直接用于时变光伏发电系统的 V-P 曲线搜索，需要进行改进，以适应时变系统的寻优条件。

目前，学者们对基于 Fibonacci 数列算法的改进主要集中在两个方面：一是单一照度下，光伏阵列光照快速变化时，Fibonacci 算法搜索移动方向由该范围内 $f(t)$ 上两个探测点决定，极值点可能转移到搜索范围之外，为此采取了扩大搜索范围的方法，避免追踪失效；二是在阴影情况下，引入一个与移动方向相关的功率修正函数，如果该函数不满足误差要求，重新初始化搜索条件[15]。

① 光照快速变化　光照快速变化时，搜索范围移动方向要与最大功率点移动方向保持一致。当最大功率点移到搜索范围之外时，搜索范围必须继续朝同一方向移动。采用向同一方向搜索次数 m_k 来检测，若连续向同一方向转移次数超过 m 次（$m=1$），文献 [16] 设置 $m=2$，需要扩大搜索范围；若搜寻范围向相反方向移动，则令 $m_k=0$，缩小搜索范围，m_k 表示为

$$m_k = \overline{d_k \oplus d_{k-1}}(m_{k-1}+1) \tag{5-7}$$

式中，d_k 为本次搜索方向；d_{k-1} 为上次搜索方向。向右搜索时，$d_k=1$；向左搜索时，$d_k=0$。当 d_k 与 d_{k-1} 方向相同时，$m_k=m_{k-1}+1$，进行扩大搜索；方向不同时，$m_k=0$，不进行扩大搜索。

该方法在扩大搜索范围时，扩大倍数取决于上一个搜索区间范围。如果上一个搜索区间较小，而照度变化较大，可能存在即使扩大搜索范围也没有最大功率点的情况。另外，如果搜索初始区间给定比较大，即使照度没有变化，可能向同一个方向移动两次以上才能搜索到最大功率点，单以移动次数来判断扩大搜索范围，会使搜索效率降低。

② 局部阴影　通常是在两个照度的情况下，引入一个与移动方向相关的功率修正函数：

$$p'(t_{2-d}^k) = \frac{p(t_{2-d}^k) + p(t_{2+d}^{k-1})}{2} \tag{5-8}$$

式中，$p(t_{2-d}^k)$ 和 $p(t_{2+d}^{k-1})$ 分别为 t_{2-d}^k 和 t_{2+d}^{k-1} 时刻的功率。

$$\frac{|p'(t_{2-d}^k) - p(t_{2+d}^{k-1})|}{p'(t_{2-d}^k)} < r \tag{5-9}$$

若式(5-9)不成立，表明照度发生快速变化，需要重新初始化；若式(5-9)成立，表明照度没有发生快速变化，初始条件不变，继续搜索，直到获得最大功率点[17]。该算法对两个峰值 V-P 曲线的搜索效果较好，但 r 是个经验值，并直接决定搜索速度和精度，r 值太大造成初始化频繁，r 值太小又不进行初始化。对于多照度，比如存在 3 个峰值点的曲线，该算法不适用。对于大阵列，照度水平通常不止两个，而且，基于 Fibonacci 数列的 MPPT 没有建立阵列数学模型，算法追踪是基于数据测量进行判断的，这对于多照度下阵列输出多区间上多峰值曲线的 MPPT 无法适应。

（2）改进措施

针对上述 Fibonacci 数列搜索 MPPT 算法存在的问题，提出了以下几点改进措施，使 Fibonacci 搜索可以用于各种光照下光伏阵列的 MPPT。

① 预测功率法与 Fibonacci 数列搜索算法相结合　单一照度下，将阵列电压 V 作为自变量，$f(V)$ 表示阵列输出功率，通过控制电压实现 MPPT。光照发生突变时采用 4.3.2 节介绍的功率预测法进行判断，根据测量的环境参数，通过光伏阵列模型计算，重新进行区间参数初始化，保证 MPPT 算法的有效性。

② 缩小搜索范围　由 3.5 节对单一照度下光伏阵列输出特性的分析可知，阵列输出最大功率点电压 V_m 与开路电压 V_{oc} 满足 $V_m \approx 0.8 V_{oc}$，利用第 3 章光伏阵列的模型可以计算出当前照度下的 V_{oc}，将搜索区间由整个电压范围直接缩小到 $[0.75 V_{oc}, V_{oc}]$ 范围内，为了确保最大功率点在所设定区间内，搜索范围要留有裕量，使搜索过程简化，提高搜索效率。

③ 采用多区间分段搜索　由第 3 章可知，多照度下光伏阵列数学模型的分段函数在每个子区间都对应一个局部极值点，V-P 曲线在各个子区间同样满足①和②的 Fibonacci 算法搜索条件，因此预测功率法与 Fibonacci 搜索相结合的算法也同样适用于多照度下每一个搜索区间。该方法只进行区间缩小不进行区间扩大，减少了搜索次数，提高了搜索速度，也不会陷入局部极值。

④ 增加结束条件，提高搜索精度　用 Fibonacci 搜索法进行 MPPT 时，在最大功率点附近，函数值对自变量取值非常敏感，自变量的微小变化会使函数有较大误差。因此，仅将 $|t_1 - t_2| \leqslant \delta$ 作为结束条件可能导致输出功率存在较大误差。或者只考虑 $|f(t_1) - f(t_2)| \leqslant \delta$，当误差设置较小时，会增加追踪时间，将两者结合起来，同时满足误差 δ 可作为终止搜索的条件，既可提高搜索精度，又能减少搜索

次数。

⑤ 采用平均值确定最终极值　按上述条件搜索结束时，两个最终探测点值为 t_{1n}、t_{2n}，可将第 n 次搜索结果用平均值方法确定最终 $f(t)$，即

$$f(t_n)=[f(t_{1n})+f(t_{2n})]/2 \tag{5-10}$$

均值法减小了在最大功率点附近振荡带来的误差，进一步提高了光伏阵列输出功率的精度。

(3) 改进 Fibonacci 搜索算法的流程图

改进的 Fibonacci 搜索算法流程图如图 5-2 所示。

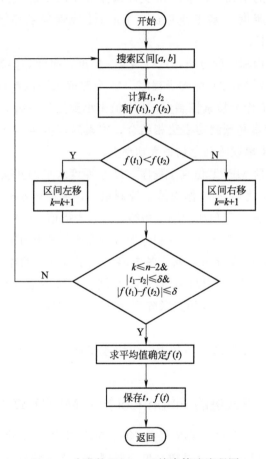

图 5-2　改进的 Fibonacci 搜索算法流程图

首先确定初始搜索区间 $[a，b]$，根据公式（5-4）计算初始探测点 t_1、t_2 和对应的 $f(t_1)$ 和 $f(t_2)$ 值，然后比较 $f(t_1)$ 和 $f(t_2)$，确定区间移动方向，由式（5-5）和式（5-6）重新给探测点赋值。当搜索次数 k、t_1、t_2、$f(t_1)$ 和 $f(t_2)$ 都满足要求时，采用求平均值的方法计算最终搜索的极值。

5.3 改进的 Fibonacci 搜索 MPPT 算法

5.3.1 算法流程

本节采用第 3 章多照度下光伏阵列分段函数模型，分别对串联阵列、并联阵列和串并联阵列采用改进的 Fibonacci 数列搜索进行 MPPT，在 4.2.3 节 MPPT 控制系统 Simulink 模型的基础上，采用 m 文件编程对 MPPT 算法进行仿真，验证算法理论的正确性。多照度下基于改进的 Fibonacci 搜索和功率预测算法相结合的 MPPT 搜索过程如下。

① 确定阵列结构和照度分布，进行温度、精度、照度等参数初始化。

② 建立串联阵列 MPPT 仿真子程序。M 个照度水平的串联阵列，有 M 个搜索子区间，将电流 I 作为搜索控制量，I 取值由小到大，在第 i 个子区间内将改进的 Fibonacci 数列搜索和预测功率法相结合，搜索局部极值 $f(t_i)$。对比所有子区间的局部极值，得出串联阵列全局最大功率点。

③ 建立并联阵列 MPPT 仿真子程序。N 个照度水平的并联阵列，整个区间只有一个最大功率点，将电压 V 作为搜索控制量，V 取值由小到大，在区间内将改进的 Fibonacci 数列搜索和预测功率法相结合，求出极值 $f(t)$。

④ 串并联阵列 MPPT 算法，先根据照度分布划分电压子区间，在每个电压子区间上根据并联支路照度分布，划分各支路电流子区间，将电流 I 作为搜索控制量，调用串联阵列 MPPT 子程序，依次进行搜索，然后根据划分的电压子区间，将电压 V 作为搜索控制量，调用并联阵列 MPPT 子程序，最后由局部极值得到串并联阵列最大功率点。

⑤ 由功率预测算法判断光照是否发生快速变化，决定是否重新检测环境参数和重置搜索区间。

5.3.2 单一照度下改进的 Fibonacci 搜索 MPPT 算法

本节采用 3.5.1 节中建立的型号为 KG200GT 模块精细化的七参数模型。由 3.2.1 节、3.3.1 节和 3.4.1 节可知，单一照度下，光伏阵列与光伏模块输出特性一致，因此采用一个模块进行 MPPT 仿真。设置环境初始参数：$G = 1000 \text{W/m}^2$，$T = 25℃$，模块 V_{m} 与 V_{oc} 关系满足 $V_{\text{m}} \approx 0.8 V_{\text{oc}}$，为了充分留有区间裕量，将初始区间设为 $a = 0.75 V_{\text{oc}} = 24.675 \text{V}$、$b = 0.85 V_{\text{oc}} = 27.965 \text{V}$，搜索精度 $\delta = 0.01$，标准条件下搜索数据如表 5-1 所示，当照度快速降至 $G = 600 \text{W/m}^2$，搜索数据如表 5-2 所示。

⊡ **表 5-1 搜索数据（$G = 1000\text{W/m}^2$）**

k	探测点/V		探测点函数值/W		移动方向	满足条件	
	V_1	V_2	$f(V_1)$	$f(V_2)$		$(V_2 - V_1)/\text{V}$	$\lvert f(V_1) - f(V_2)\rvert/\text{W}$
0	25.9329	26.7071	199.6131	199.4025		0.7742	0.2106
1	25.4520	25.9329	198.4228	199.6131	左	0.4809	1.1903
2	25.9329	26.2289	199.6131	199.8862	右	0.296	0.2731
3	26.2289	26.4093	199.8862	199.8488	右	0.1804	0.0014
4	26.1116	26.2289	199.8251	199.8862	左	0.1173	0.0611
5	26.2289	26.2292	199.8862	199.8918	右	0.0613	0.0056

⊡ **表 5-2 搜索数据（$G = 600\text{W/m}^2$）**

k	探测点/V		探测点函数值/W		移动方向	满足条件	
	V_1	V_2	$f(V_1)$	$f(V_2)$		$(V_2 - V_1)/\text{V}$	$\lvert f(V_1) - f(V_2)\rvert/\text{W}$
0	25.3767	26.1433	118.0530	119.4460		0.7666	1.3930
1	26.1433	26.6106	119.4460	119.6075	右	0.4673	0.1615
2	26.6106	26.8982	119.6075	119.3547	右	0.2876	0.2528
3	26.4264	26.6106	119.6206	119.6075	左	0.1842	0.0131
4	26.3303	26.4264	119.5862	119.6206	左	0.0961	0.0344
5	26.4264	26.5172	119.6206	119.6276	右	0.0908	0.0070
6	26.5172	26.5185	119.6276	119.6275	右	0.0013	0.0001

在 $G = 1000\text{W/m}^2$，搜索次数 $k = 5$ 时，$V_1 = 26.2289\text{V}$，$V_2 = 26.2292\text{V}$，$f(V_1) = 199.8862\text{W}$，$f(V_2) = 199.8918\text{W}$，取其平均值得出搜索结果 $V = 26.2291\text{V}$，追踪时间 $t = 0.001\text{s}$。则有

$$\Delta V_\text{m} = \lvert V - V_\text{m}\rvert = \lvert 26.2291 - 26.21\rvert = 0.0504\text{V}$$

$$\Delta P_\text{m} = \lvert f(V) - P_\text{m}\rvert = \lvert 199.9018 - 200\rvert = 0.0982\text{W}$$

式中，V 为搜索最大功率点电压，V_m 为模块给定最大功率点电压，$f(V)$ 为搜索最大功率，P_m 为模块给定最大功率。

单一照度下改进的 Fibonacci 算法 MPPT 输出曲线及局部放大如图 5-3 和图 5-4所示，●代表 $f(V_1)$ 值，＊代表 $f(V_2)$ 值。没有进行改进的 Fibonacci 搜索算法 MPPT 如图 5-5 所示。通过图 5-3、图 5-4 与图 5-5 对比可以看出，由于单一照度下利用了 $V_\text{m} \approx 0.8 V_\text{oc}$，直接设定初始区间，使搜索不在全部电压区间上进行，而在 $[0.75 V_\text{oc}, 0.85 V_\text{oc}]$ 区间进行，缩短了搜索时间，采用均值算法求最大功率，进一步降低了最大功率点处的振荡损失，同时功率预测法消除了光照突变时的误判和剧烈振荡，使输出功率快速地稳定在最大功率点。改进的 Fibonacci 算法在搜索精度和速度上明显优于常规 Fibonacci 搜索算法。

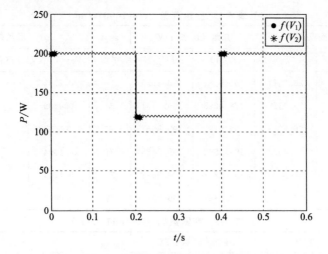

图 5-3 单一照度下改进的 Fibonacci 算法 MPPT

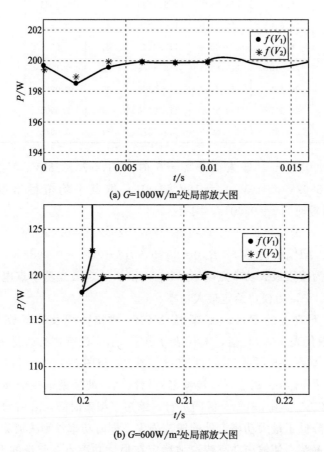

(a) G=1000W/m²处局部放大图

(b) G=600W/m²处局部放大图

图 5-4 单一照度下改进的 Fibonacci 算法 MPPT 局部放大图

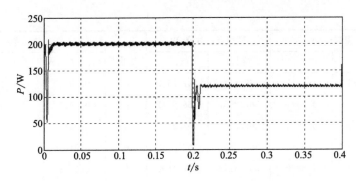

图 5-5 单一照度下 Fibonacci 搜索算法 MPPT

5.3.3 多照度下改进的 Fibonacci 搜索 MPPT 算法

多照度下分别对不同光伏阵列结构的 MPPT 进行讨论。

(1) 串联阵列

以 2 个模块串联为例，模块 $G_1 = 1000\mathrm{W/m^2}$，模块 $G_2 = 600\mathrm{W/m^2}$。在串联阵列分段函数的基础上，将电流作为控制输出变量，在 2 个极值点电流分布区间 $[0,\ I_{sc2}]$ 和 $(I_{sc2},\ I_{sc1}]$ 上根据式(3-19)确定 2 个初始搜索区间：$[0.8I_{sc1},\ I_{sc1}]$ 和 $[0.8I_{sc2},\ I_{sc2}]$。区间搜索数据如表 5-3 和表 5-4 所示，$\delta = 0.01$。改进的 Fibonacci 算法串联阵列 MPPT 轨迹如图 5-6 所示，□表示 $f(I_1)$ 数据，●表示 $f(I_2)$ 数据。

⊡ **表 5-3 区间 $[0.8I_{sc1},\ I_{sc1}]$ 上的搜索数据**

k	探测点/A		探测点函数值/W		移动方向	满足条件	
	I_1	I_2	$f(I_1)$	$f(I_2)$		(I_2-I_1)/A	$\lvert f(I_1)-f(I_2)\rvert$/W
0	7.2115	7.5987	198.9348	203.5744		0.3872	4.6396
1	7.5987	7.8393	203.5744	204.1471	右	0.2406	0.5727
2	7.8393	7.9882	204.1471	202.2712	右	0.1489	1.8759
3	7.7485	7.8393	204.2756	204.1471	左	0.0906	0.1285
4	7.6889	7.7485	204.1080	204.2756	左	0.0596	0.1676
5	7.7485	7.7791	204.2756	204.2907	右	0.0306	0.0151
6	7.7791	7.8090	204.2907	204.2506	右	0.0299	0.0401
7	7.7788	7.7791	204.2908	204.2907	左	0.0003	0.0001

⊡ **表 5-4 区间 $[0.8I_{sc2},\ I_{sc2}]$ 上的搜索数据**

k	探测点/A		探测点函数值/W		移动方向	满足条件	
	I_1	I_2	$f(I_1)$	$f(I_2)$		(I_2-I_1)/A	$\lvert f(I_1)-f(I_2)\rvert$/W
0	4.3269	4.5592	252.0919	261.4954		0.2323	9.4035
1	4.5592	4.7036	261.4954	265.9131	右	0.1714	4.4177

续表

k	探测点/A		探测点函数值/W		移动方向	满足条件	
	I_1	I_2	$f(I_1)$	$f(I_2)$		(I_2-I_1)/A	$\lvert f(I_1)-f(I_2)\rvert$/W
2	4.7036	4.7929	265.9131	267.2937	右	0.0893	1.3806
3	4.7929	4.8471	267.2937	266.8541	右	0.0542	0.4396
4	4.7574	4.7929	266.9504	267.2937	左	0.0355	0.3897
5	4.7929	4.8112	267.2937	267.3112	右	0.0183	0.0175
6	4.8112	4.8290	267.3112	267.1830	右	0.0178	0.1282
7	4.8110	4.8112	267.3118	267.3112	左	0.0002	0.0006

由表 5-3 可知，在区间 $[0.8I_{sc1}，I_{sc1}]$ 上经过 7 次搜索得到第 1 个局部功率极值：$I=7.7788\mathrm{A}$，$f(I)=204.2908\mathrm{W}$，用 P_1 表示，与理论值 $P_{m1}=204.301\mathrm{W}$ 的误差 $\Delta P_1=0.01\mathrm{W}$。由表 5-4 可知，在区间 $[0.8I_{sc2}，I_{sc2}]$ 上经过 7 次搜索得到第 2 个局部功率极值：$I=4.8110\mathrm{A}$，$f(I)=267.3118\mathrm{W}$，用 P_2 表示，与理论值 $P_{m2}=267.3211\mathrm{W}$ 的误差 $\Delta P_2=0.0093\mathrm{W}$。

综合两个局部功率点，可得全局最大功率点 $P_m=\max(P_1,P_2)=267.3118\mathrm{W}$。由图 5-6 在输出 $I\text{-}P$ 曲线上搜索探测点的分布可见，改进的 Fibonacci 算法 MPPT 搜索轨迹与串联阵列输出特性曲线相吻合，验证了基于阵列模型分段区间函数搜索算法的正确性。将串联阵列照度扩展到 L 个水平，划分 L 个电流区间，只需在 L 个区间上分别搜索，避免陷入局部极值功率点。

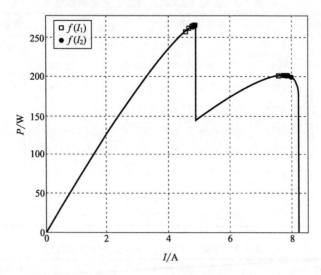

图 5-6 改进的 Fibonacci 算法串联阵列 MPPT 轨迹

（2）并联阵列

以 2 个模块并联为例，$G_1=1000\mathrm{W/m^2}$，$G_2=600\mathrm{W/m^2}$，通过控制输出电压

的方法实现 MPPT。由 3.3.3 节并联阵列的输出特性可知，输出 V-P 曲线具有单峰特性，将电压作为控制变量，电压区间满足 $V_m \approx 0.8V_{oc}$。将 $[0.75V_{oc1},\ 0.85V_{oc1}]$ 作为搜索区间，$\delta = 0.01$，区间 $[0.75V_{oc1},\ 0.85V_{oc1}]$ 上的搜索数据如表 5-5 所示。改进的 Fibonacci 算法并联阵列 MPPT 轨迹及局部放大图如图 5-7 和图 5-8 所示，□表示 $f(V_1)$ 数据，●表示 $f(V_2)$ 数据。

⊡ **表 5-5　区间 $[0.75V_{oc1},\ 0.85V_{oc1}]$ 上的搜索数据**

k	探测点/V		探测点函数值/W		移动方向	满足条件	
	V_1	V_2	$f(V_1)$	$f(V_2)$		$(V_2-V_1)/V$	$\lvert f(V_1)-f(V_2)\rvert/W$
0	26.1508	27.1071	328.0953	326.0107		0.9563	2.0846
1	25.8520	26.1508	327.1590	328.0953	左	0.2988	0.9363
2	26.1508	26.3329	328.0953	328.2603	右	0.1821	0.165
3	26.3329	26.6289	328.2603	328.1314	右	0.2960	0.1289
4	26.2703	26.3329	328.2537	328.2603	左	0.0626	0.0066
5	26.3329	26.3899	328.2603	328.2503	右	0.0570	0.0100
6	26.3301	26.3329	328.2672	328.2603	左	0.0028	0.0009

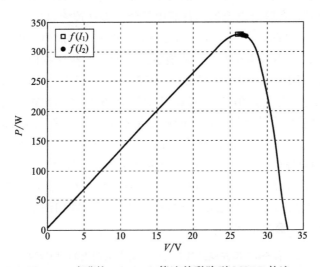

图 5-7　改进的 Fibonacci 算法并联阵列 MPPT 轨迹

$V = 26.3315\text{V}$ 时，输出最大功率 $f(V) = 328.2675\text{W}$，与理论值 $P_m = 328.2767\text{W}$ 的误差 $\Delta P = 0.0092\text{W}$，符合误差要求。由图 5-7 可见，多照度下并联阵列更易于 MPPT，跟踪轨迹完全与模型的 V-P 曲线一致，因为改进的 Fibonacci 算法进行 MPPT 是基于多照度下并联阵列输出分段函数模型计算所得，可见精确的数学模型是 MPPT 精度的保证。

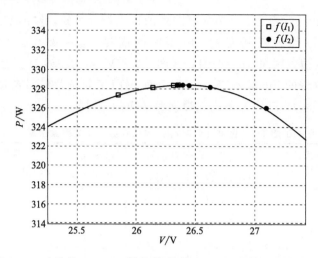

图 5-8 改进的 Fibonacci 算法并联阵列 MPPT 轨迹局部放大图

（3）串并联阵列

以 2×2 矩阵为例，支路 Ⅰ 两个模块为 $G_1 = 1000 \mathrm{W/m^2}$，$G_2 = 600 \mathrm{W/m^2}$，支路 Ⅱ 两个模块都为 $G_1 = 1000 \mathrm{W/m^2}$。对支路 Ⅰ 的 2 个区间 $[0, I_{sc2}]$ 和 $(I_{sc2}, I_{sc1}]$ 分别搜索后，取两个局部功率点的最大值。这里需要由电流计算电压值来进行 Fibonacci 搜索，在整个电流区间计算电压值，保证搜索电压区间收敛到极值点。

在 $[0, I_{sc2}]$ 区间，$a = 2.0000 \mathrm{A}$，$b = 4.9460 \mathrm{A}$，由探测点电流值计算出的电压值如表 5-6 所示。由表 5-6 可见，从搜索点开始，区间连续向右移动，直至搜索到最大功率点。当 $I = 4.8925 \mathrm{A}$，$V = 54.0258 \mathrm{V}$ 时，$f(V) = 669.8263 \mathrm{W}$ 为输出局部最大功率点 P_1，与理论值 $669.8743 \mathrm{W}$ 的误差 $\Delta P = 0.048 \mathrm{W}$。由此表明，利用连续相同方向移动作为扩大搜索区间的依据是不充分的，甚至陷入误判。当电流在区间 $(I_{sc2}, I_{sc1}]$ 时，取电流的整个区间 $a = 4.9460 \mathrm{A}$，$b = 8.2289 \mathrm{A}$，由探测点电流值计算出的电压值如表 5-7 所示。搜索结果为 $I = 7.2972 \mathrm{A}$，$V = 28.2197$ 时，$f(V) = 438.2817 \mathrm{W}$ 为输出最大功率点 P_2，与理论值 $438.2911 \mathrm{W}$ 的误差 $\Delta P = 0.094 \mathrm{W}$。改进的 Fibonacci 算法串并联阵列 MPPT 轨迹如图 5-9 所示，搜索点 $*$ 表示 $f(V_1)$ 数据，●表示 $f(V_2)$ 数据。

⊡ **表 5-6** 串并联阵列在 $[0, I_{sc2}]$ 区间上的搜索数据

k	探测点电压值/V		探测点函数值/W		移动方向	满足条件	
	V_1	V_2	$f(V_1)$	$f(V_2)$		$(V_2 - V_1)$/V	$\|f(V_1) - f(V_2)\|$/W
0	60.9476	59.6108	449.3191	535.3020		0.6932	85.9829
1	59.6108	58.5040	535.3020	588.9276	右	0.4307	53.6256
2	58.5040	57.5470	588.9276	622.7942	右	0.2666	33.8666
3	57.5470	56.7032	622.7942	643.8642	右	0.1615	21.0700

续表

k	探测点电压值/V		探测点函数值/W		移动方向	满足条件	
	V_1	V_2	$f(V_1)$	$f(V_2)$		(V_2-V_1)/V	$\lvert f(V_1)-f(V_2)\rvert$/W
4	56.7032	55.8505	643.8642	657.9597	右	0.1607	14.0955
5	55.8505	55.1835	657.9597	664.7919	右	0.0539	6.8322
6	55.1835	54.0297	664.7919	669.8213	右	0.0534	5.0294
7	54.0297	54.0258	669.8213	669.8263	右	0.0001	0.0050

⊡ **表 5-7   串并联阵列在 $[I_{sc2}, I_{sc1}]$ 区间上的搜索数据**

k	探测点电压值/V		探测点函数值/W		移动方向	满足条件	
	V_1	V_2	$f(V_1)$	$f(V_2)$		(V_2-V_1)/V	$\lvert f(V_1)-f(V_2)\rvert$/W
0	29.6702	28.7509	428.1110	437.0554		0.7725	8.9444
1	28.7509	27.9239	437.0565	437.8870	右	0.4799	0.8305
2	27.9239	27.1603	437.8877	433.9342	右	0.2954	3.9535
3	28.2794	27.9239	438.2718	437.8875	左	0.1835	0.3843
4	28.4711	28.2794	438.0284	438.2716	左	0.1129	0.2432
5	28.2794	28.1508	438.2718	438.2536	右	0.0702	0.0182
6	28.3543	28.2794	438.2160	438.2717	左	0.0429	0.0557
7	28.2794	28.2310	438.2718	438.2816	右	0.0269	0.0098
8	28.2310	28.2009	438.2816	438.2775	右	0.0164	0.0041
9	28.2497	28.2310	438.2802	438.2816	左	0.0103	0.0014
10	28.2310	28.2197	438.2816	438.2810	右	0.0004	0.0006

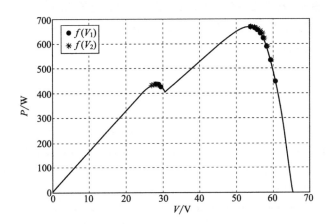

图 5-9 改进的 Fibonacci 算法串并联阵列 MPPT 轨迹

对于多照度串并联阵列，需要根据整个矩阵照度水平划分相应的电流区间进行跟踪，相比多照度下的串联阵列、并联阵列直接确定电流或者电压区间，串并联阵列则需要首先根据照度水平确定电流区间，计算出探测点，然后根据并联支路确定电压区间，由电流探测点计算出电压探测点，最后求出功率，为了全面跟踪搜索区间，电流取值为整个电流区间以保证局部极值点有对应电压值。

综上所述，基于光伏阵列数学模型而设计的多区间改进的 Fibonacci 算法对任意光照和结构的光伏阵列都能精确地追踪到最大功率点。根据照度分布和阵列结构，分别对各子区间进行搜索，不存在最大功率点漏判和误判的问题，追踪速度快，在实现上需要温度和照度传感器来测量温度和照度值，以便实时进行区间数据更新和赋值。根据功率预测判断结果确定是否需要测量环境参数，当环境参数变化时，重新进行多区间初始化。该算法适用于所处光照环境复杂的大型集中式光伏阵列 MPPT。

5.4　本章小结

本章基于第 3 章光伏阵列的数学模型和输出特性分析，提出改进的 Fibonacci 搜索 MPPT 算法。通过与预测功率法相结合克服光照突变时带来的误判和振荡；利用恒流或者恒压公式缩小搜索区间，提高追踪速度；在多照度下采用多区间分段搜索，只进行区间缩小不进行区间扩大，减少了搜索次数，提高了搜索速度，不会因为陷入局部极值而导致跟踪失效；增加结束条件，用来提高搜索精度，减少搜索次数；对第 n 次搜索结果用求平均值的方法确定最终最大功率值，既减小了最大功率点附近振荡带来的误差，又提高了光伏阵列输出功率的精度。改进的 Fibonacci 搜索 MPPT 算法与没有改进的 Fibonacci 搜索算法相比，更适用于复杂光照环境下的大阵列仿真。

参考文献

[1] Daraban S, Petreus D, Morel C, et al. A novel global MPPT algorithm for distributed MPPT systems [C]//Proceedings of the 15th European Conference on Power Electronics and Applications（EPE），2013. Lille，France，2013：1-10.

[2] Tey K S, Mekhilef S. Modified Iincremental conductance algorithm for photovoltaic system under partial shading conditions and load variation [J]. IEEE Transactions Industrial Electronics，2014，61：5384-5392.

[3] Ahmad R, Murtaza A F, Sher H A. Power tracking techniques for efficient operation of photovoltaic array in solar applications-A review [J]. Renewable & Sustainable Energy Reviews，2019，101：82-102.

[4] Eftichios K. A new technique for tracking the global maximum power point of PV arrays operating under partial-shading conditions [J]. IEEE Journal of Photovoltaics，2012，2：184-190.

［5］ Malik S. MPPT schemes for PV system under normal and partial shading condition：a review［J］. International Journal of Renewable Energy Research，2016，2：79-94.

［6］ Alik R，Jusoh A，Shukri N A. An improved perturb and observe checking algorithm MPPT for photovoltaic system under partial shading condition［C］//Proceedings of the IEEE Conference on Energy Conversion，2015. Johor Bahru，Malaysia：IEEE，2015：398-402.

［7］ Kapić A，Zečević Ž，Krstajić B. An efficient MPPT algorithm for PV modules under partial shading and sudden change in irradiance［C］//Proceedings of the 23rd International Scientific-Professional Conference on Information Technology，2018. Zabljak，Montenegro，2018：1-4.

［8］ Bidyadhar S. A comparative study on maximum power point tracking techniques for photovoltaic power systems［J］. IEEE Transactions on Sustainable Energy，2013，4：89-97.

［9］ Kinattigal S. Enhanced energy output from a PV system under Ppartial shading conditions through artifical bee colony［J］. IEEE Transactions on Sustainable Energy，2015，6：198-209.

［10］ Kobayashi K，Takano I，Sawada Y. A study on a two stage maximum power point tracking control of a photovoltaic system under partially shaded insolation conditions［C］//Proceedings of the IEEE Power Engineering Society General Meeting，2003. Toronto，Canada：IEEE，2003：2612-2617.

［11］ Irisawa K，Saito T，Takano I，et al. Maximum power point tracking control of photovoltaic generation system under non-uniform insolation by means of monitoring cells［C］//Proceedings of the Conference Record of the Twenty-Eighth IEEE Photovoltaic Specialists Conference，2000. Anchorage，AK，USA：IEEE，2000：1707-1710.

［12］ Bekker B，Beukes H J. Finding an optimal PV panel maximum power point tracking method［C］//Proceedings of the 2004 IEEE Africon 7th Africon Conference，2004. Gaborone，Botswana，Africa：IEEE，2004：1125-1129.

［13］ Gules R，Pacheco J D P，Hey H L. A maximum power point tracking system with parallel connection for PV stand-alone applications［J］. IEEE Transactions on Industrial Electronics，2008，55（7）：2674-2683.

［14］ 王白银，杨东升. Fibonacci 数列的通项公式及其应用［J］. 高等数学研究，2015，18（4）：40-41.

［15］ Ramaprabha R，Balaji M，Mathur B L. Maximum power point tracking of partially shaded solar PV system using modified Fibonacci search method with fuzzy controller［J］. International Journal of Electrical Power & Energy Systems，2012，43（1）：754-765.

［16］ 刘硕. 基于 Fibonacci 数列的光伏发电系统最大功率点跟踪方法研究与实现［D］. 扬州：扬州大学，2018.

［17］ 杨飞. 基于 Fibonacci-MPPT 的光伏并网发电系统的研究［D］. 无锡：江南大学，2009.